綠蠵龜

Green Turtle

程一駿——著

〔增修版〕

晨星出版

目錄
CONTENTS

Chapter3
大海中的航行者 74

Chapter4
海龜的生存危機 100

Chapter5
擱淺海龜的救傷 130

Chapter6
海龜保育與文化的關聯 150

再版序

FOREWORD

2010年寫了《綠蠵龜——跟著海龜教授尋找綠蠵龜》的第一版後至今已七年了，在這七年中，科技進步得很快，許多的新知識、新觀念及新技術不斷問世，一些重要的研究成果也提供海龜生物學上最新的看法。因此，第一版的資料有必要加以修正及補充，方能提供給大家最完整的資訊。在第二版中，我在第一章的海龜分類內容加入了族群的資料，以充實族群生態學的觀念；第二章主要是加入性別比的觀念，以解答爲何龜卵受精時，是沒有性別的；第三章主要加入潛水生理及相關的研究，讓大家對海龜的洄游有三度空間的觀念；第四章中，主要是加強光污染及海洋廢棄物的衝擊，以及全球氣候變遷對海龜的影響；第五章是一個新的章節，內容主要討論海龜擱淺及救傷的時機、原則及方法；第六章主要是加入正確的宗教放生觀念。

在這七年中，人們已由對海龜的了解甚少，深入到能體會海龜和海洋環境之間的關係。隨著媒體的大量報導，海龜發揮了其領航物種的功能。海龜擱淺救傷計畫的推展，更讓人們了解到海龜的健康與否，和人類污染海洋環境的嚴重性，有非常密切的關係，因此海龜也發揮了保護傘的功能，在保護海洋其他非保育類生物的先決條件下，海龜才能健康的活在這片大海中。一些新的科技發展，讓我們能更了解海龜在自然界中的行爲細節，以及這個活化石如何活過無數次的冰河期，卻躲不過人類短短數百年的捕殺。這些資料都對海龜的復育有非常重要的助益。當研究的資料越趨完備時，我們就會發現，唯有在完整的生態系觀念下，才能將這些事件串成一個完整的故事；也就是在對海龜的生物學及周圍的海洋環境有充分了解後，我們就會了解爲何地球的生態是如此脆弱，需要我們小心的去維護。

本書是以科普的手法寫作，希望藉由大家都能看懂的文筆，將海龜生物及行爲學的知識傳遞給社會大衆。在環保意識高漲的今天，大家都對周遭的海洋環境有一定的期望，對海龜所面臨的問題，也有許多的疑問。希望能藉由本書，提供一些正確的思考方向，並解答一些關於這個活化石適應環境變化的方法，和如何做才能達到對海龜及人類友善的海洋環境。

謹識於 國立台灣海洋大學 生命科學院 院長室

CHAPTER 1

海龜的起源、分類和族群

本章分為兩部分，一部分是介紹海龜家族的起源、演化及全球七種海龜的分類、形態特徵、生態特性、分布及保育現況，並附上一張簡單的分類圖片；第二部分是介紹海龜的族群結構、演化、辨識及雜交的問題。

SEA TURTLES

什麼是海龜？

一般人很喜歡將海龜和水龜及陸龜混在一起談，主要是因為牠們長的都很像，都有殼子並俗稱「烏龜」，在英文上通稱為 turtle。事實上，牠們三者雖源自同一祖先，但卻演化出截然不同的形態及生活習性，因此無法混為一談。陸龜除了喝水外，是不到水邊的，所以喜歡在乾旱的地方活動；水龜是指淡水龜，是生活在溪流旁淡水充分的地區。這兩種龜在英文上則稱為 tortoise，而海龜則是除了產卵或是晒太陽才會上岸外，終其一生都在海中度過，英文稱為 sea turtle。

陸龜因長年生長在乾旱的地區，所以其背甲及腹甲十分堅硬，皮也很厚，且因食物不多，所以行動及生長速度都很緩慢，不過成龜的體型較大，壽命也很長，有的可達百歲以上；淡水龜因生活在食物豐盛且氣候較溫和的地區，生長速度快，壽命就短了很多，大多不過三十歲，且天敵多，所以體型較小，不過生寶寶的速度就快很多；海龜則因生活在海裡，雖然多在較溫暖的海域活動，但因食物的供應量會受到海況變化所影響，因此生長速度介於兩者之間，壽命可能和人類相當，體型則因海水的浮力大，所受到的限制較小，因此能長到比前兩者都大。寶寶的生產數量，也因母親體型較大而多了很多。不過，為了節省空間，海龜體型已發展成四肢無法像淡水龜和陸龜一樣，能夠縮回殼子裡了！

海龜（綠蠵龜）

陸龜（蘇卡達象龜）

淡水龜（巴西龜）

海龜是怎樣出現在這個世界上的？

最早的海龜 Proganochelys 出現於二億年前的三疊紀（Triassic），和恐龍同時出現在這個世界上。牠的祖先是淡水龜，只是在演化的過程中，由陸地逐漸遷入海洋的領域罷了。那時牠的鰭狀肢與鰭上的趾，都與現在的淡水龜很像，體型也長的和淡水龜一樣，但因其眼下具有分泌鹽分的淚腺，因此代表牠能在海中生活。

海龜之所以能遷入海洋中生活，應歸功於早期陸龜中的硬殼龜目（Order Chelonii），大量演化出淡水性的物種。這使得水棲性的龜類具有扁平且較流線的體型、盾甲邊緣變得較爲尖細、前肢也變得較長以利於側面（游泳）而非腹部（走路）的移動。這種形態上的變化，有利於海龜在日後成功地遷入海洋中生活。

現今所有的海龜均源自蠵龜目的潛頸龜亞目（SubOrder Cryptodira），其中一支約在一億年前演化成現今皮質殼的革龜科。而現今具有硬殼的海龜則出現在四千五百年到五千五萬年前，牠們雖在演化的過程中，失去了將四肢及頭部縮進龜殼的能力，但卻強化了頭蓋骨，使它能包住整個頭部；也加長了前鰭狀肢的長度，使它們具有船槳的功能，這種變化，使海龜成爲海中的游泳高手；

Chapter

1

海龜的起源、分類和族群

牠的淚腺加長，具有排鹽的功能；也減少了背甲上的骨骼數。海龜一旦演化到能適應海洋的生活後，其基本體型就很少改變，也比已絕跡的祖先之體型及結構要來得單純。現今的海龜，除了一種（即東太平洋的「黑龜」）的分類尚有爭議外，其餘七種，因其演化與生態及食性上的適應有關，其體型特徵也與其生活環境的特質密不可分，其地理分布也與其體內酸鹼平衡之溫度適應範圍有關，因此分類很早就確立了，也少有爭議出現。

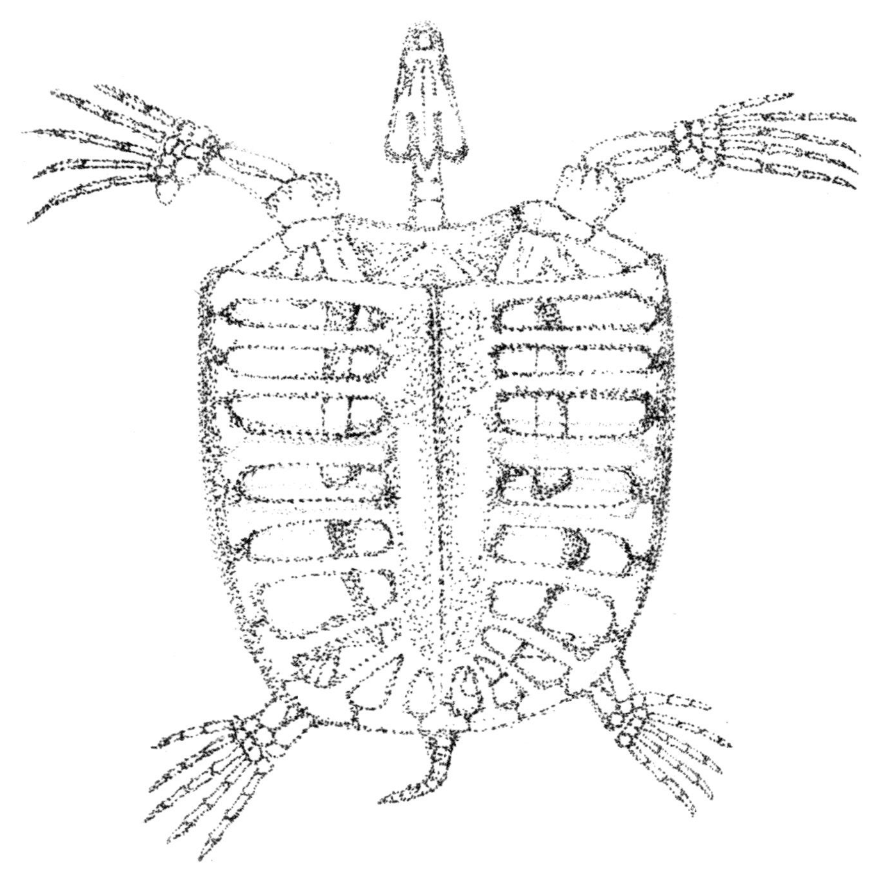

Archelon 原始龜

海龜構造名稱

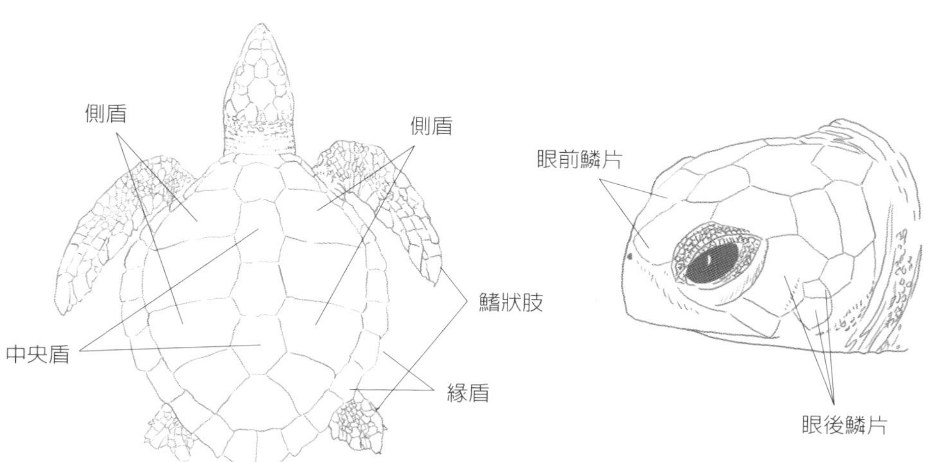

台灣常見的海龜

比起其他的物種而言，海龜的種類並不多，分別爲海龜科的綠蠵龜、赤蠵龜、欖蠵龜、肯氏龜、玳瑁、平背龜及革龜科的革龜等兩科七種。而在台灣海域出沒的共有兩科五種，分別是海龜科的綠蠵龜、赤蠵龜、欖蠵龜、玳瑁及革龜科的革龜。海龜科的物種又以食性分成草食性的海龜族及肉食性的蠵龜族，各物種的特徵及生態環境將分別詳述如下。另外兩種海龜：海龜科的肯氏龜及平背龜，因屬於地區性分布的物種，不會出現在台灣附近的海域，不過爲了本書的完整性，仍將在此作介紹。

綠蠵龜 *Chelonia mydas*（Linnaeus, 1758）

英文名：Green turtle

別名：綠海龜、海龜、石龜、黑龜、菜龜

分類地位：龜鱉目，隱頸亞目，海龜科，海龜屬動物

又名綠海龜或是海龜，屬於爬蟲綱，無弓亞綱，龜鱉目，隱頸亞目，海龜科，海龜屬動物。英文的俗名為 green turtle，中文俗名為石龜、黑龜或是菜龜。

體型特徵

綠蠵龜的體型呈長橢圓形，背甲有四對側盾，中央盾五片，呈瓦片狀排列，不互相覆蓋。後緣圓鈍，後半部的緣盾較鈍。眼前之額前鱗片僅一對。體色呈棕色到墨黑色，有時背甲具有大花斑紋。野外的小海龜要長 20 ～ 50 年才會成熟，成熟的綠蠵龜可達 1 公尺以上背甲直線長，體重可達 100 公斤以上。

生態特性

綠蠵龜是目前所有海龜中，數量最多的種類之一。小海龜多分布在大洋中的漂流性馬尾藻下，過著雜食性並以浮游生物爲主食的生活。亞成龜及成龜則會居住在沿岸的珊瑚礁及海草床區，過著以海草及大型藻類爲主食的底棲性生活，但偶爾也會出現雜食的現象。綠蠵龜因其體內脂肪富含食物中的葉綠素，因而呈現綠色至墨綠色，英文名爲 green turtle。此外，因牠最常爲人類所捕食，而又有「菜龜」的俗稱。

分布

綠蠵龜爲一全球性分布的物種，從北緯 55 度到南緯 46 度之海域皆有其蹤跡，但主要分布於熱帶到亞熱帶珊瑚礁、海藻及海草床所在的海域中。就目前所知的是，南美及南非是阻絕印度——太平洋與大西洋綠蠵龜群體相互擴散的主要原因。或許，再過數百萬年後，我們就會有綠蠵龜亞種或是新種出現。

在台灣，全島各處的沿近海都有牠的蹤跡。至於產卵地所在，於六、七十年以前，綠蠵龜會在台灣的東部、東北部、南部、澎湖、金門、小琉球、蘭嶼及東沙和南沙群島的太平島上岸產卵。如今，由於人爲的捕殺及棲地的破壞，台灣本島已幾乎沒有海龜產卵的蹤跡，僅在少數離島人煙罕至的沙灘上，仍有海龜會上岸產卵。目前所知的地點主要是澎湖縣的望安島、台東縣的蘭嶼島、屏東縣的琉球嶼及南沙群島的太平島。其他的地方像是澎湖本島的蒔裡及北寮、屏東縣的小琉球島、台東縣的杉原、東沙等地都有上岸產卵紀錄，但數量不多也不穩定。比較特別的是在琉球嶼近海有一批爲數約 140 頭的綠蠵龜在此居住，由於成員以青少龜爲主，有可能是一個重要的成長覓食棲地。

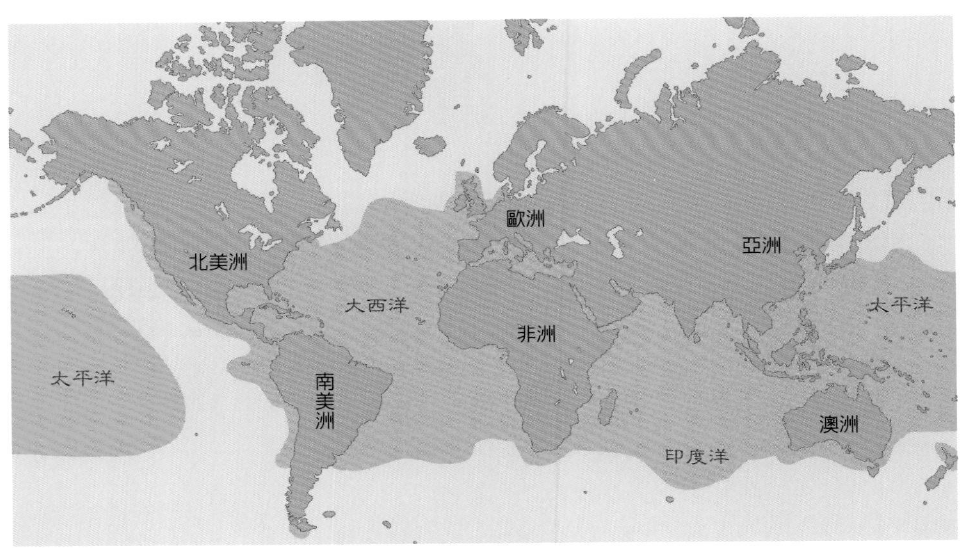

綠蠵龜的全球分布範圍（粉紅色區域）

保育現況

綠蠵龜的全球族群量估計在二十萬頭以上。然而，牠們大部分分布在少數的地區，而且，全球除了極少數的地區如美國的佛羅里達州及夏威夷等地，因保育有成而數量有在增加外，大部分地區的海龜族群都在減少中，而且產卵地也在不斷消失中。

赤蠵龜 *Caretta caretta*（Linnaeus, 1758）

英文名：Loggerhead turtle

別名：紅頭龜、蠵龜

分類地位：龜鱉目，隱頸亞目，海龜科，蠵龜屬動物

又名蠵龜，屬於爬蟲綱，無弓亞綱，龜鱉目，隱頸亞目，海龜科，蠵龜屬動物。英文俗名為 loggerhead turtle，中文俗名為紅頭龜，或是大頭龜。

體型特徵

赤蠵龜的體型為長橢圓形，背甲有五對側盾，中央盾五片，頭與身體的比例要比其他海龜來的大（即頭部較大），粗大的頭部及強而有力的喙，使得牠能捕食底棲性的甲殼類及其他帶殼的軟體動物。赤蠵龜體色赤紅，有時會帶橄欖色。小海龜要長 12 ～ 30 年才會成熟，成熟的赤蠵龜可達 90 公分背甲直線長，體重達近 90 公斤以上。

生態特性

小赤蠵龜也多會分布在大洋中的漂流性馬尾藻下，以浮游生物爲食。亞成龜及成龜則會因體型大小而分成近海與大洋兩類；如果開始長得快的話，在背甲直線長長到約 50 公分後便會洄游到近海，居住在岩石海岸地區，過者以貝類、螃蟹、魚及其他底棲性無脊椎動物爲主食的底棲性生活。而長得較慢的赤蠵龜，則會洄游到大洋的湧昇區或是洋流聚合區，過著以浮游甲殼類動物如橈足類爲食的日子。此外，目前所知赤蠵龜有跨洋洄游的特性；如在日本出生的小赤蠵龜會順著北太平洋亞熱帶渦流的黑潮延伸流到美國加州去成長，等到要交配產卵時再沿著北赤道洋流回到日本產卵。在大西洋的族群也有類似行爲；如在美國佛羅里達出生的小海龜，會順著灣流漂流到歐洲成長，再順著赤道洋流返回佛州交配產卵。

分布

赤蠵龜爲一全球性分布的物種，其分布範圍從北緯 62 度到南緯 45 度之間，主要集中於沿近海或大陸棚的硬底質，如礁岩等海域。

赤蠵龜是所有海龜中唯一會在溫帶海域（如日本）上岸產卵的海龜。在台灣，全島各處的沿近海都有牠的蹤跡，

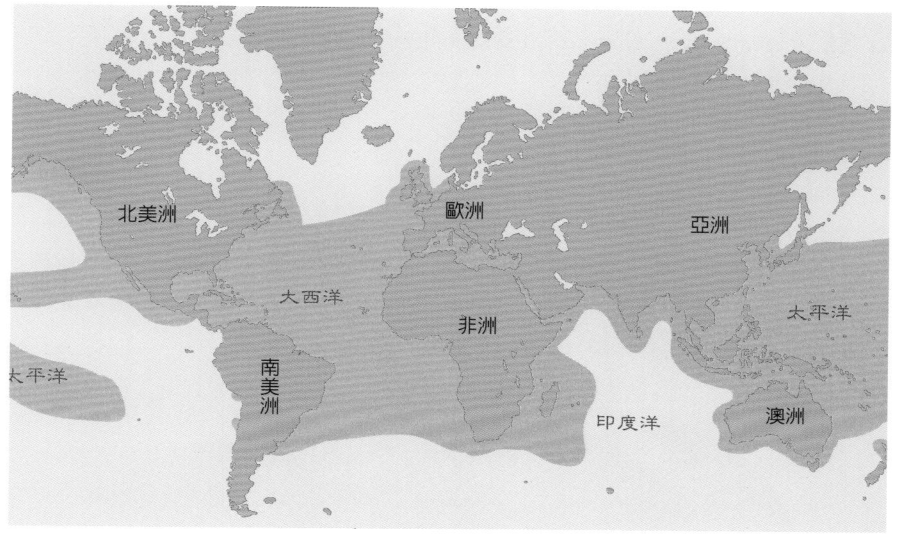

赤蠵龜的全球分布範圍（粉紅色區域）

台灣的東北海岸如宜蘭及花蓮，曾經有赤蠵龜上岸產卵的傳說，但現在並無任何產卵紀錄。

保育現況

赤蠵龜族群的數量目前尚稱穩定，亦非人類捕殺的最主要對象。但牠面臨公海漁業的意外捕獲，及其產卵沙灘開發為住宅和遊憩區之生存壓力卻是與日俱增，反而成為一些產卵地如日本地區之族群銳減的主要原因。

欖蠵龜 *Lepidochelys olivacea*（Eschscholtz，1829）

英文名：Olive ridley turtle

別名：麗龜、太平洋麗龜、姬賴利海龜

分類地位：龜鱉目，隱頸亞目，海龜科，麗龜屬動物

欖蠵龜又名麗龜、太平洋麗龜、姬賴利海龜，屬於爬蟲綱，無弓亞綱，龜鱉目，隱頸亞目，海龜科，麗龜屬動物。英文俗名是 olive ridley turtle，中文俗名則可能是日頭龜或是八卦龜。也因牠會咬人，而有「混帳龜；Bustard turtle」之稱。

體型特徵

欖蠵龜背甲略爲橢圓，呈心形的形狀，體呈灰色像似橄欖，故而得名。背甲具六對以上的長側盾，中央盾小，在最後四對緣盾上各具一小圓孔，其功能不詳。龜寶寶要長 12 ～ 30 年才會成熟，成熟的欖蠵龜可達 65 ～ 70 公分背甲直線長，體重 45 公斤。

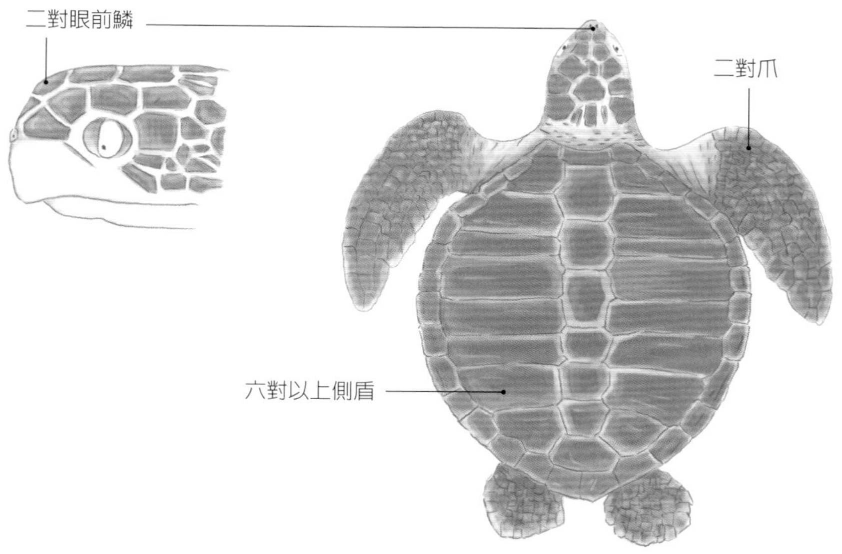

生態特性

小欖蠵龜多會居住在大洋中的漂流物下，亞成龜及成龜則會居住在沿近海地區。欖蠵龜爲肉食性動物，其食物包括各種魚類、軟體動物及甲殼類如蝦子等，是所有海龜中最兇猛的一種，屬於蠵龜族的一員。牠雖然有大洋分布的特性，但只會在熱帶的沙灘上產卵，而牠和其他海龜最大不同的地方，是會在白天集體上岸產卵（arribada）。根據研究顯示，海龜因在陸地上無自衛能力，因此白天的集體上岸產卵，將可使天敵產生視覺上的混亂，或是過多食物所產生的厭食感。

分布

欖蠵龜爲一全球性分布的物種，其分布範圍從北緯 35 度到南緯 30 度之間，但主要集中於熱帶海域中。在台灣，全島各處的沿近海都有牠的蹤跡，但數量不多，而且沒有上岸產卵的紀錄。

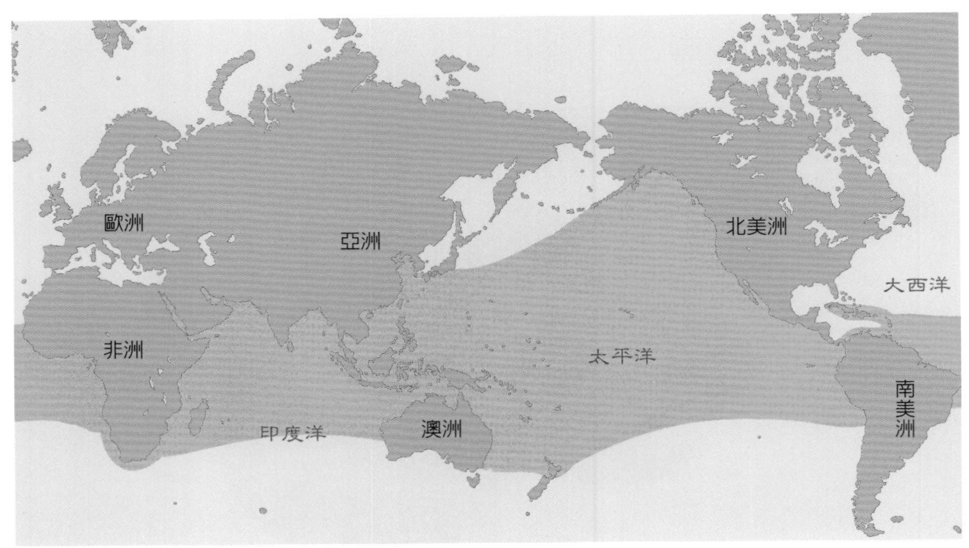

欖蠵龜的全球分布範圍（粉紅色區域）

保育現況

儘管全球只有少數五、六處的主要產卵沙灘，欖蠵龜的族群量卻是所有海龜之冠。欖蠵龜雖非人類捕殺的主要對象，但面臨公海漁業的意外捕獲之死亡壓力；尤其是最近在印度的奧麗沙海岸（Orissa coast）所發展之蝦拖網漁業，已造成附近一個最主要的產卵族群大量意外死亡。另外，牠也面臨了因人類的大量挖掘龜卵，所產生的生存危機。

玳瑁 *Eretmochelys imbricata*（Linnaeus, 1766）

英文名：Hawksbill turtle

別名：為爬蟲綱，無弓亞綱，龜鱉目，隱頸亞目，海龜科，玳瑁屬動物

英文俗名為 hawksbill turtle，無中文俗名。

體型特徵

玳瑁的體型爲長橢圓形，背甲有四對側盾，中央盾五片，呈覆瓦片狀排列，後盾尖銳，且後半部的緣盾較尖，呈鋸齒狀，眼前的額前鱗片爲兩對，頭形較小，喙側扁呈勾曲狀，看過去像鷹類的喙，故其英文名爲 hawksbill turtle。因牠生活在珊瑚礁區，所以其體色會隨分布的區域及年齡而有所變化。一般而言，背甲顏色較綠蠵龜鮮豔，且具有黃色的小花紋，腹甲爲黃色。成熟的個體可達 75 ～ 85 公分背甲直線長，體重達 80 公斤以上，成熟的玳瑁其體色很像綠蠵龜。

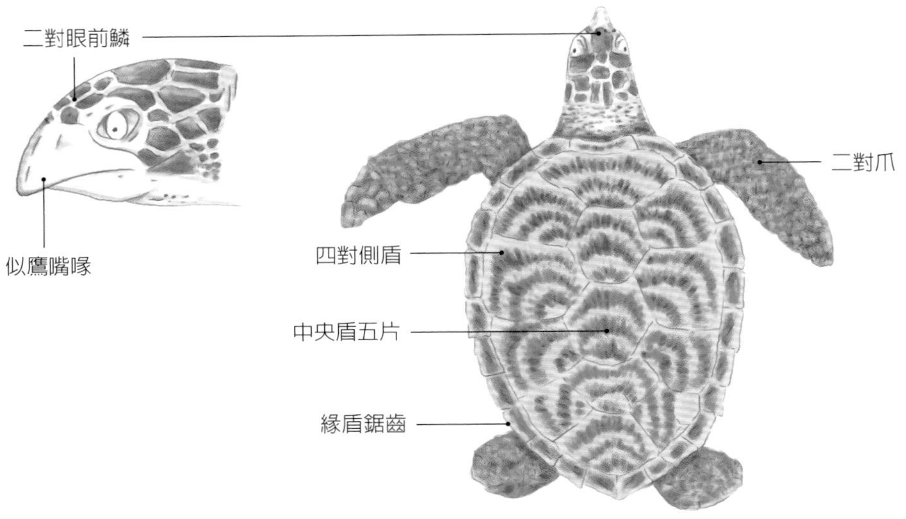

生態特性

小玳瑁多會分布在大洋中的漂流性馬尾藻下，以浮游生物爲食。亞成龜及成龜則會居住在珊瑚礁區，過著以珊瑚礁中如海綿等無脊椎動物爲食的底棲性生活，屬於蠵龜族的一員。可能因爲分布較廣且數量不多，玳瑁很少群聚在一起。然而，方圓數百里的產卵玳瑁卻會在同一處覓食。

分布

玳瑁爲一全球性分布的物種，分布範圍從北緯 45 度到南緯 38 度之間，主要集中於熱帶到亞熱帶海域的珊瑚礁區中。

在台灣，全島各處的沿近海都有牠的蹤跡，其產卵地在過去以東沙島爲主，因人爲的捕殺，現在除了澎湖本島的北寮外，並無上岸產卵的紀錄。

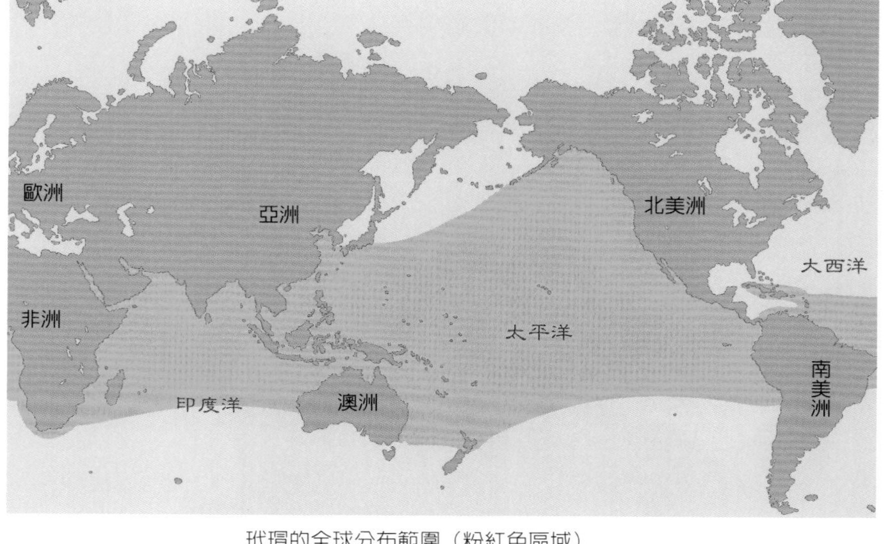

玳瑁的全球分布範圍（粉紅色區域）

保育現況

玳瑁因全球性的長期捕殺，以將其殼製成吉祥物、鏡框及珠寶出售牟利，日本家庭喜歡擺設玳瑁殼，以保全家平安，造成牠一度幾乎絕跡。且因獨居的生活特性，其族群量的變化十分難以判斷。日本原爲玳瑁最大宗的進口國，近年來因在國際保育組織的持續施壓下，已將牠列爲華盛頓公約附錄一的保育類物種，而停止進口玳瑁及其產製品，而古巴則持續要求開放玳瑁之國際貿易及相關養殖事業。中國是新興的海龜利用國家，由於玳瑁整隻的市價超過 800 美金，因此成爲他們最喜歡捕殺的物種，而且這種需求還在增加之中。直到今天，牠的保育爭議仍在進行中。

革龜 *Dermochelys coriacea*（Vandelli, 1761）

英文名：Leatherback turtle

別名：木瓜龜、楊桃龜、稜皮龜、稜龜

分類地位：龜鱉目，隱頸亞目，革龜科，革龜屬動物

又名稜皮龜、稜龜、大皮革龜，屬於爬蟲綱，無弓亞綱，龜鱉目，隱頸亞目，革龜科，革龜屬動物。其英文名為 leatherback turtle，中文俗名為木瓜龜或是楊桃龜。

體型特徵

據研究顯示，淡水龜在演化到海洋的過程中，至少進出海洋兩次以上，而革龜是在淡水龜第一次入侵海洋時就演化完成的。因此革龜的形態與其他海龜有很大不同：牠是所有海龜中唯一不具有硬殼或大盾甲的種類，背甲上具有五～七條明顯的隆起稜脊，由許多小骨板連結而成。黑色或深藍色的背、腹甲具有許多小白斑點。龜寶寶要長 30 年才會成熟，由於沒有硬殼限制其發育，因此成熟的革龜可長到 130 ～ 150 分背甲直線長，體重可達 300 ～ 500 公斤。全球最重的紀錄是體長約 3 公尺，體重超過 300 公斤（約 800 磅）。

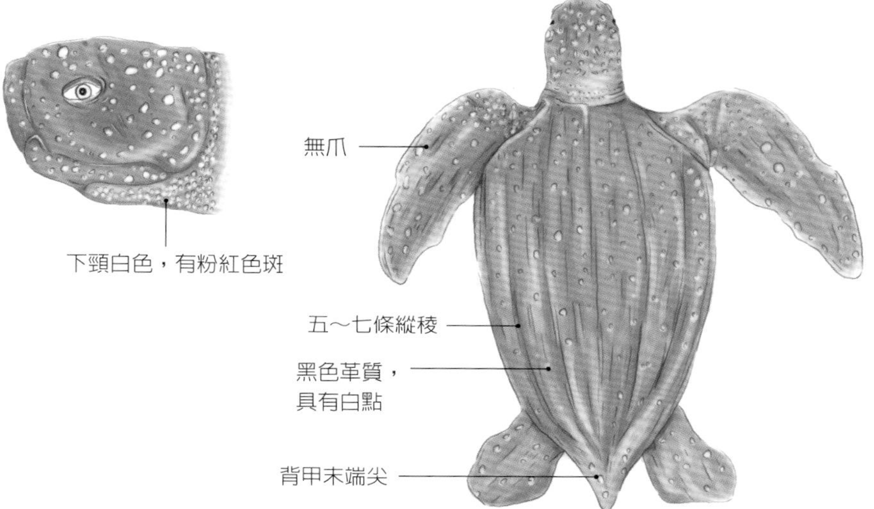

生態特性

小革龜的活動範圍不詳，牠是所有海龜中唯一在大洋中生活的種類，往往會做數千英里以上甚至是跨洋的洄游。由於有鋸齒狀的顎，有利於抓住海中漂浮的食物，因此會以大洋中的水母為主食，但也吃蝦、蟹、半脊索動物、軟體動物及小魚等。牠不喜歡在島嶼附近活動，但會在熱帶區域的大陸性海灘上岸產卵。最近的人造衛星追蹤研究顯示，大西洋的革龜會在南美的圭亞那等地產卵後，洄游到北美加拿大的 Nova Scotia 以北的海域去覓食。

分布

革龜為一全球性分布的物種，牠的分布範圍從北緯 60 ～ 70 度到南緯 48 度之間海域皆有，是所有海龜中分布最為廣泛，且能潛水達最深的海龜種類（可潛至 1200 公尺下的深海中）。革龜偶爾會經過台灣的沿近海，但沒有上岸產卵紀錄。

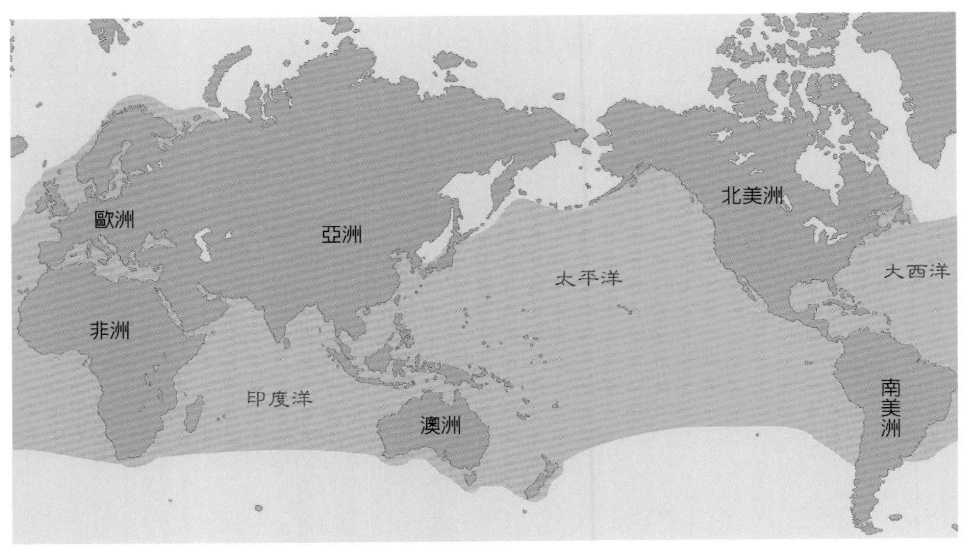

革龜的全球分布範圍（粉紅色區域）

保育現況

革龜是目前所有海龜中數量最少的種類，雖然沒有捕殺的壓力，但因其大洋洄游的特性，使其活動範圍與公海漁場重疊性高，所以特別容易遭到漁具如拖網及延繩釣等的意外捕獲而死亡，牠也很容易將海上漂流的塑膠袋或垃圾，誤認爲是水母而吞食、餓死，產卵地區的居民也會大量的挖掘龜卵來食用或出售牟利。這些問題加上不十分恰當的保育措施；如在馬來西亞，人們使用孵化器來拯救極少數的革龜族群，此舉固然可增加其孵化率，但因溫度過高及其他的問題，而造成下海的小海龜幾乎全爲雌性，因而形成傳宗接代上無以爲繼，終至滅絕。

由於革龜只要花上 30 年就會成熟，因此很容易受到人爲的保育而復原，像是大西洋的革龜，在美國及歐洲各國的努力下，族群數量已回升到可以降低保育等級的程度。而太平洋的革龜，其族群量卻因各國的保育政策不一，且周邊多爲開發中國家，保育觀念尚未建立起來，所以革龜的族群仍然處於瀕危的程度。

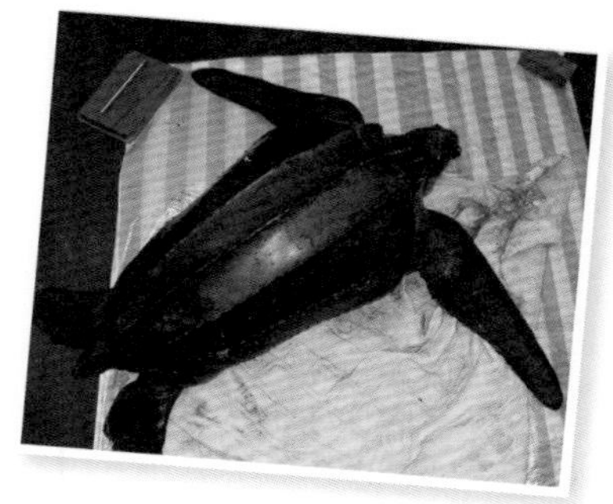

肯氏龜 *Lepidochelys kempii*（Garman,1880）

英文名：Kemp's Ridley turtle

分類地位：為爬蟲綱，無弓亞綱，龜鱉目，隱頸亞目，海龜科，麗龜屬動物

其英文名為 Kemp's Ridley turtle，無中文俗名。

體型特徵

肯氏龜的背甲接近圓形，體色為橄欖綠色，眼前之額前鱗片兩對，背甲具五對側盾，中央盾五片，在最後四對緣盾上各具一小圓孔，其功能不詳。體型比欖蠵龜要小。成熟的個體可達 59 ～ 73 公分背甲直線長，體重達 25 ～ 54 公斤。

肯氏龜和欖蠵龜十分類似，外觀上僅顏色不同罷了。然而，骨骼結構及遺傳分析卻顯示，牠們的祖先早在三、四百萬年前，因中南美洲陸脊隆起而分離。目前雖然在大西洋也可發現欖蠵龜，但相信是由太平洋的種群跨過南非好望角來的。

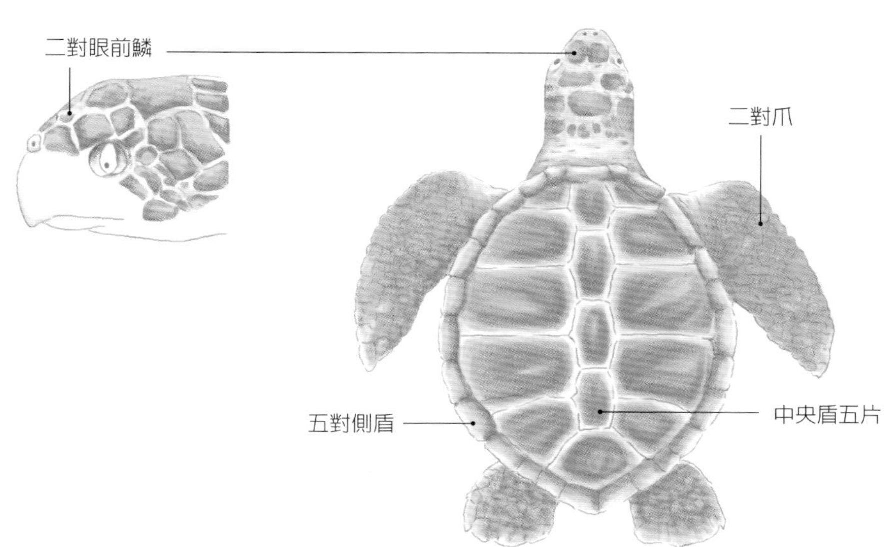

生態特性

雖然肯式龜可在大西洋多處沿海發現，但多在墨西哥灣內活動，95%的母龜會在墨西哥東北部的輪秋內佛（Rancho Nuevo）產卵，剩下的5%則會在鄰近的偉拉克斯省（State of Veracruz）的沙灘上產卵。龜寶寶會居住在大洋中的漂流物下，亞成龜及成龜則會居住在沿近海地區。和欖蠵龜一樣，成熟的母龜會在白天集體上岸產卵，全世界第一次海龜在白天集體上岸產卵的紀錄，就是由一位墨西哥的攝影師於1956年在輪秋內佛（Rancho Nuevo）沙灘上拍攝的，據估計在兩公里長的沙灘上，約有四萬頭母龜上岸產卵！然而，這部影片卻不知為何被封存起來，直到30年後才被世人發現。肯氏龜以近海的螃蟹為主食，也吃有殼的軟體動物如貝類及螺類，屬於蠵龜族的一員。

分布

肯氏龜為一地區性分布的物種，分布於北緯8度～60度，西經10～97度的海域間，台灣沿近海沒有牠的蹤跡。

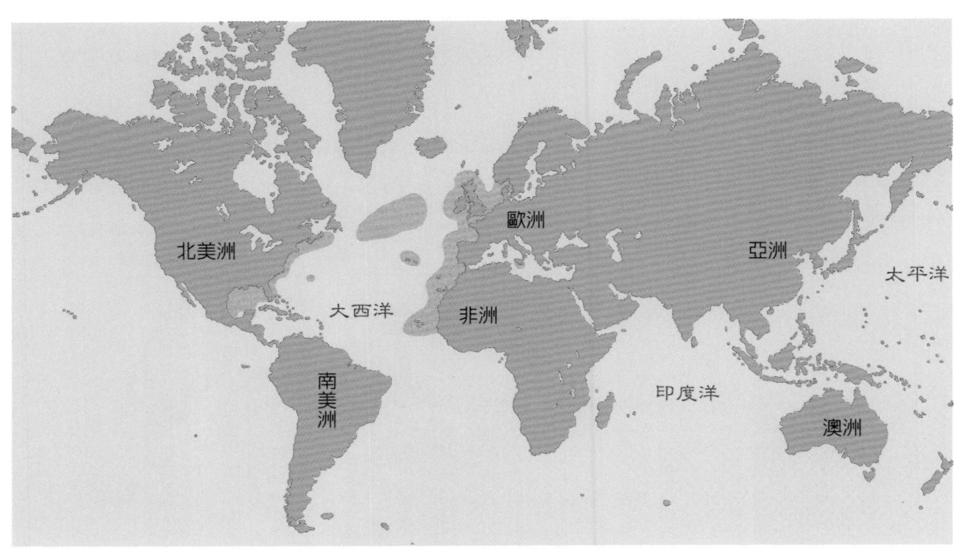

肯氏龜的全球分布範圍（粉紅色區域）

保育現況

肯氏龜也是目前所有海龜中數量最少的種類之一。雖然墨西哥已將牠兩處主要產卵地列為保護區，並有專人負責管理，但殺龜及挖掘龜卵的事情仍然時有所聞。然而，肯氏龜族群減少最大的原因，是其近海的主要食物——螃蟹，與拖網漁民所捕撈的蝦子之活動範圍相重疊，而遭到意外捕獲死亡。近年來，美國大力推行在拖網上裝置海龜脫逃器（尤其是蝦拖網），以及進行移地孵化（將它處的龜卵移到已消失的沙灘上去孵化）的復育動作。後者因成效不彰而結束，前者因發揮了復育的功能，而使其族群又有回復的跡象。

平背龜 *Natator depressa*（Garman,1880）

英文名：Flatback turtle

分類地位：為爬蟲綱，無弓亞綱，龜鱉目，隱頸亞目，海龜科，平背龜屬動物

其英文名為 flatback turtle，無中文俗名。最早，有人認為牠是綠蠵龜的近親，但近年來的基因及食性研究卻顯示，牠和綠蠵龜並不相近，而且由食性可知，平背龜是屬於蠵龜族的一員。

體型特徵

平背龜的體型呈橢圓形，背甲較扁平，邊緣上揚，因而得名爲 flatback turtle。眼前之前額鱗片僅一對，每眼後之鱗片三片。背甲有四對側盾，中央盾五片，呈瓦片狀排列，不互相覆蓋之。背甲十分薄。頭部及背甲呈灰橄欖色，腹甲爲乳白色。與其他硬殼龜不同之處在於平背龜的背甲很薄，據說，連人類的指甲都可以刮破它。成熟的個體可達 76 ～ 96 公分背甲直線長，重達 70 公斤。

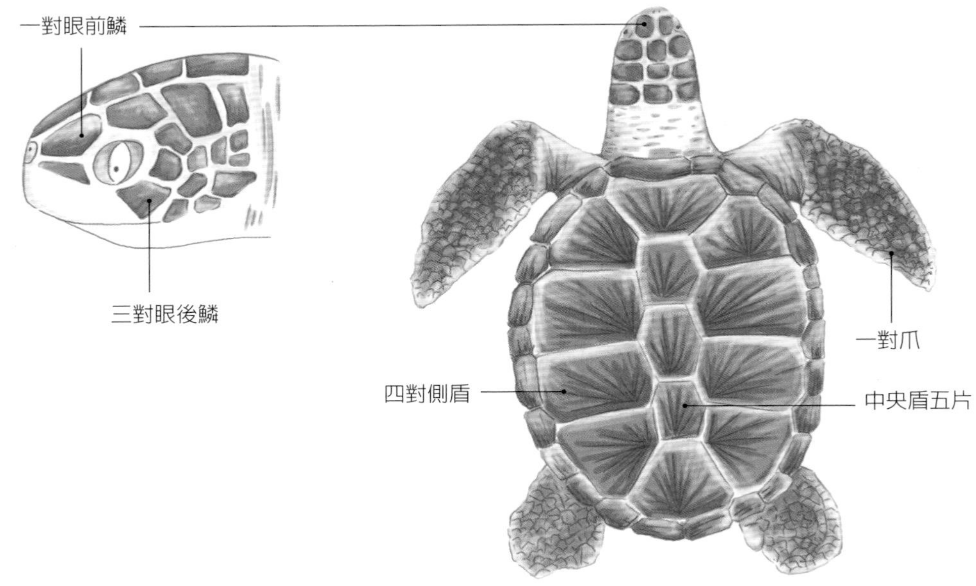

生態特性

小平背龜會在澳洲北部的紅樹林區域附近生活，成熟的個體則喜歡生活在混濁的近海水域中，以海參、水母、蝦子、軟體動物、水螅等無脊椎動物為食。

分布

平背龜爲一地區性分布的物種，僅分布在澳洲，其範圍從南緯 8 度～25 度，東經 112 度～155 度之海域間，台灣沿近海沒有牠的蹤跡。

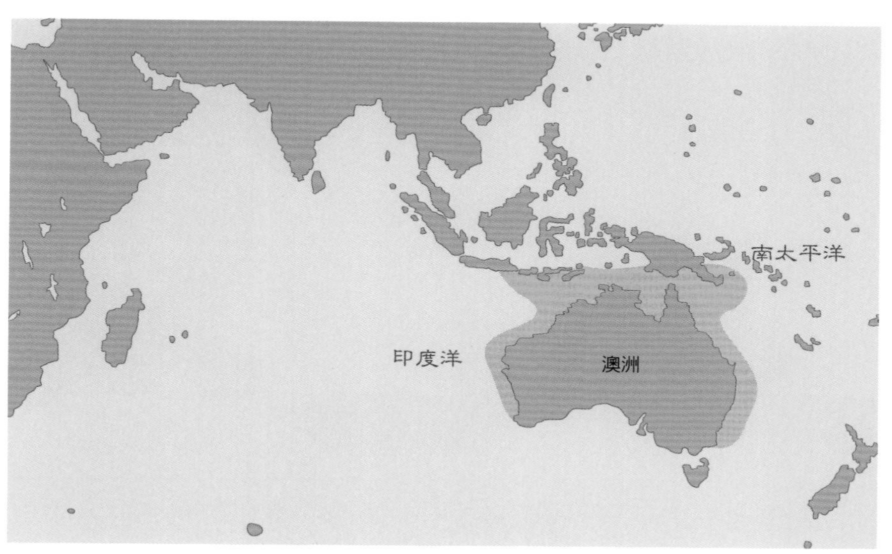

平背龜的全球分布範圍（粉紅色區域）

保育現況

目前除了澳洲的原住民外，並沒有任何捕殺海龜或是挖掘龜卵的現象，澳洲人也很重視環境保育，因此沒有族群瀕危的問題。但因其長相、生活史與綠蠵龜類似，因此國際保育組織也將牠列入保育類野生動物。

海龜辨識特徵

殼為有彈性的革質外皮，並有 5 ～ 7 條縱向的脊狀隆起

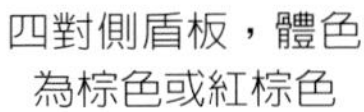

四對側盾板，體色為棕色或紅棕色

革龜

赤蠵龜

兩對眼前鱗

玳瑁

殼是堅硬的角質盾
片與骨板所組成
五對側盾板，體色
為橄欖綠色
六對（以上）
側盾板
肯氏龜
欖蠵龜
一對眼前鱗
四對眼後鱗片
三對眼後鱗片
綠蠵龜
平背龜

海龜的族群及演化

族群一般是指一群生活在一起，長得很像，並能繁衍後代的生物。有些物種的適應力很強，具全球性分布的特性，會跨越許多不同的環境。像是綠蠵龜雖然分布於全球南北緯 40 ～ 50 度的海域中，但生活在一個地區的海龜，很少會洄游到遙遠的地方去居住，即使是革龜也幾乎不會從一個大洋洄游到另一大洋去生活。因此，每種海龜的分布雖然都很廣，但卻分成許多地區性的群落，這些群落因互不往來，也不會交配產生下一代，久而久之就會形成許多獨立的「部落」，因爲它的群落結構（如數量、基因組成等）比種來的小，因此一般用較小的單位像是族群（population），或是更小的群聚體（rookery）來表示。

由於海龜在地球上活了千萬年以上，因此會出現有的群聚體過於龐大，而產生一些個體遷徙到他處去建立新族群的現象（稱之爲奠基者效應；founder effect）。此外，地球上約每四萬年就會出現一次冰河期，這種全球性的氣候變遷，會造成海洋環境的改變，部分的海龜棲地會因此而變得不適合居住，或是消失掉，這也會迫使海龜得另外找尋適當的棲地。

由於海龜族群的壽命和人類一樣：長達一億年以上，所以我們可以由各族群間相同的基因組（所謂的鹼基對：base pair）所占之比例，來找出兩群聚體間的親近程度。由於有些基因組屬於很古老的族群，所以我們可由這些資訊，加上全球環境變遷的資料（如冰河期和間冰期的時間及長短），和群聚體所在位置，找出目前的產卵群聚體源自何處，及牠可能的遷徙路徑及時間。

像在台灣，主要的產卵族群有澎湖縣的望安島及台東縣的蘭嶼島，在進行族群基因分析後發現，望安島的族群基因組合，與南琉球的產卵族群有許多重疊之處，因此推測是最近（幾萬年前）才從日本族群分出來的。而蘭嶼島的產卵族群，其族群基因則與日本及望安島的族群沒有任何重疊之處，但有一組基因卻和望安族群一樣，均源自大洋洲一個古老的族群。因此可以確定的是，雖然兩產卵族群均源自同一母族群，但望安島處於大陸棚上，冰河期間因海平面會降到陸棚之下，海龜因此必須另尋產卵地，所以會常常和其他的族群「交流」。而蘭嶼島因處於太平洋中，位於黑潮必經之路上，水因夠深，所以在冰河期間仍然是個島嶼，產卵母龜不必另外找新的產卵沙灘，因此一旦定居下來就不會「搬家」了，和其他產卵族群的「互動」也就不多，族群基因組成也較單純。由於母龜對產卵地的忠誠度很高，即使是一個產卵地的海龜被消滅掉，附近產卵地的母龜也不會搬過來產卵。望安島及蘭嶼島的直線距離不到150公里，因此形成一種「遠親但不是近鄰」的特殊現象。

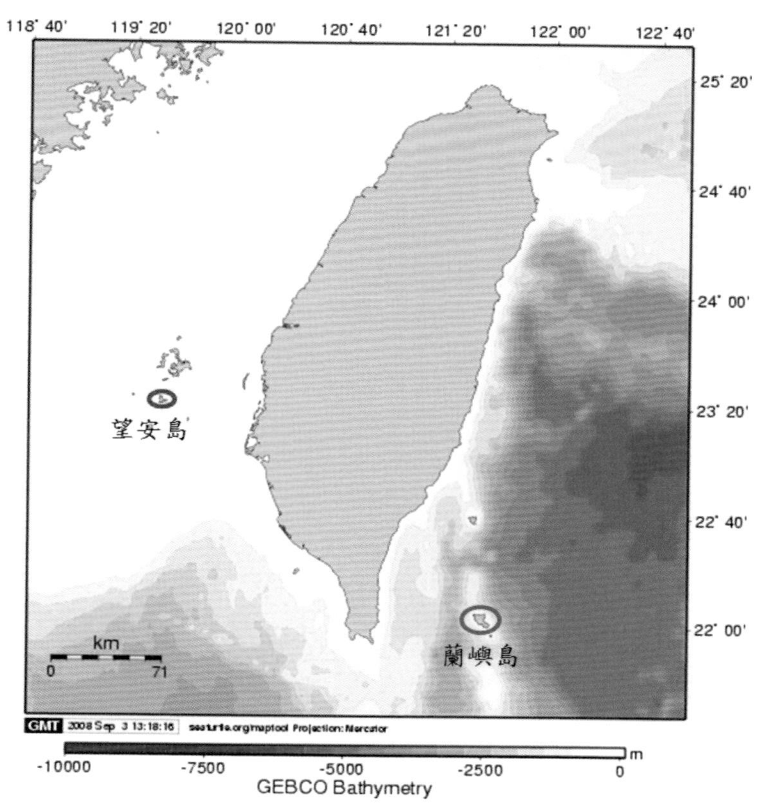

望安島位於大陸棚上，冰河期會有搬家的現象，而蘭嶼島位於大洋中，不受冰河期的影響。

望安島及蘭嶼島的母龜都是源自大洋洲一個古老的族群，紅色代表蘭嶼族群，而藍色代表望安族群。

然而，這些分法是以線粒體 DNA（mtDNA）的差異作爲依據，是談母龜間的差異。但公龜是個多情種子，當發情時，會和許多母龜交配，因此會將牠的基因散布到許多產卵族群中。譬如學者在 2013 年發現，地中海的公赤蠵龜於產卵季期間，會從塞浦路斯島一路南下，連續通過四個產卵族群，最後「定居」於利比亞的北部沿海。在這種情形下，族群基因的混合情形，就無法由原先的線粒體 DNA 來決定，而必須改用微衛星（microsatellite）的技術來分析，簡單的說這個方法是同時檢視公龜及母龜所提供的基因。這樣一來，我們就能從龜卵、死亡稚龜甚至是成龜的基因分析中得知公龜的貢獻，或是「風流」的程度了！

像是最近的一項研究中發現，台灣有三個產卵地：澎湖縣的望安島、台東縣的蘭嶼島及屏東縣的琉球嶼，鄰近的南琉球群島也之西表島（Iriomote Island）及石垣島（Ishigaki Island）上，也有綠蠵龜上岸產卵，由線粒體 DNA 的分析是 5 個分開的產卵族群，但微衛星的分析卻顯示，這 5 個產卵族群間幾乎沒有差異存在。這個結果，讓原本設定好的族群定義完全改觀了，目前我們並沒有一個適當的新定義，來解決這個問題。

如何不去碰觸海龜就能評估海龜族群量——臉部辨識法

在野生動物的研究中，最常遇到的問題是：這裡到底有多少動物？這個答案不但能滿足一般民眾的好奇感，而且對政府而言，這項資料是政策制定的重要依據。

族群數量大小的計算法最好是數這裡有多少同一種動物，但和一般家禽家畜不一樣的是，野生動物不會乖乖地待在一個地方等你去算。讓問題變得複雜的是，所有的野生動物看過去都長得很像。因此，一般最常用的辨識法是將動物抓住，釘上識別標、注入晶片標，或是帶上項圈或腳環，等到下次再遇到或是捕捉時，查看標號就知道是誰了，這種方法在生態上叫做「捕捉 - 標記 - 再捕捉（capture-mark-recapture）」法，它雖然方便且可靠，但最大的缺點是在捕捉及上標時，不但有可能會傷到動物，且不當的處置時甚至會造成死亡，再加上一些大型的野生動物，像是鯨魚、獅子等，有些攻擊性很強，有的其過大的體型容易造成人類傷亡，因此一些不須碰觸動物的個體辨識法，便隨著紀錄影像之清晰度的增加而問世，我們稱為「個體影像辨識法（photo-identification〔photo-ID〕method）」。

這種經由影像來判定個體的方法，是將身體上一些不會隨著長大而產生變化的形態特徵用影像記錄下來，就像個天生的「身分證」一樣，這些穩定的形質，除非遭到永久性的傷害或破損、變形外，我們便可在不必接觸動物的情形下，合理的估算出族群數量。用照相來判斷個體的方法，雖然好用且安全，但影像的清晰度，卻是決定照片是否可用的重要因素，且每次拍攝時，出現在眼前的動物數量都不一樣，我們也無法確定是否記錄到所有的動物，因此所得到的族群量會出現最大及最小值。這個問題在海洋中更為明顯，因為海水會出現波浪而扭曲形象，水中有時因雜質多而變得混濁，拍攝的角度不同，形狀就會不一樣，加上海水會動使得拍攝者無法「站穩」，人接近動物所產生的水流，也會使動物產生預警等。

在海龜身上唯一可作為個體辨識的穩定形質是臉部鱗片，這些鱗片的大小、形狀及排列方式是屬於穩定形質，可以做為個體辨識的依據，我們在取到海龜頭部的清晰照片後，就可以依鱗片的特徵，確定為不同的個體。在辨識上，我們會取左臉及右臉的眼後鱗片照片，再依鱗片的大小、數量及排列方式加以判斷。同時，爲了能快速的辨識不同的海龜，這個辨識法是採用魚類的分類法，也就是先從最容易分辨的特徵，如公的尾巴很長，或是有斷肢，背甲殘缺等著手，再進一步依鱗片距眼睛的距離，由近而遠的依照鱗片數量、大小及是否有不完整或是夾有小鱗片等的特性加以區別，這樣就能在不到 5 分鐘完成個體的辨識。

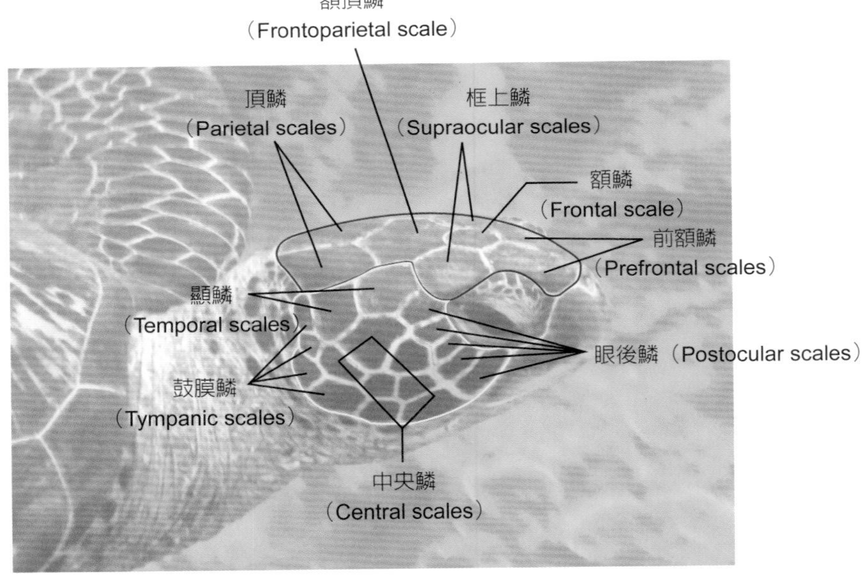

海龜個體辨識所用的側臉鱗片圖解

屏東縣琉球鄉爲一位於台灣西南部海域中唯一的珊瑚礁島嶼。這個島上除了夏天有海龜會上岸產卵外，近海中終年可以看到悠遊的海龜，因此成爲島上最大的觀光特色，在這種情形下，如何正確的估算海龜數量，不僅在學術上有其價值，對旅遊業者而言，更是吸引遊客的重要賣點。然而，遊客幾乎天天都會下水賞龜，因此使用個體影像辨識法，便可以在遊客觀賞海龜的同時，進行個體之辨識。在 2011 ～ 2014 年的調查中發現，只有不到 3% 的海龜是左、右臉長的完全一樣，而近七成的海龜，左、右臉長的非常不同！在這種情形下，我們必須依照左臉、右臉及雙臉所得到的海龜數量進行族群量評估，最後的答案是最少 106 頭海龜，而最多是 142 頭。我們也發現這些海龜中有 5% ～ 6% 是公龜。此外，在環島十個調查點中發現，小琉球的海龜主要集中於島嶼北側的美人洞島花瓶岩間之海域，部分的海龜會每天或依季節更迭，由一塊海域遷徙到另一塊海域去，有的甚至可能會遷出及遷入小琉球海域。

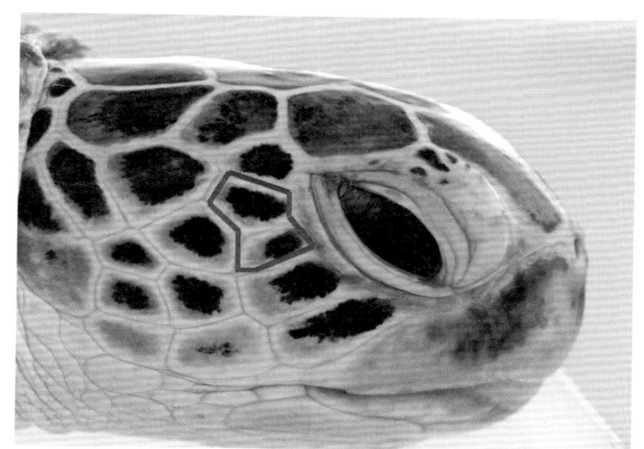

海龜的左、右臉鱗片排列會非常不一樣

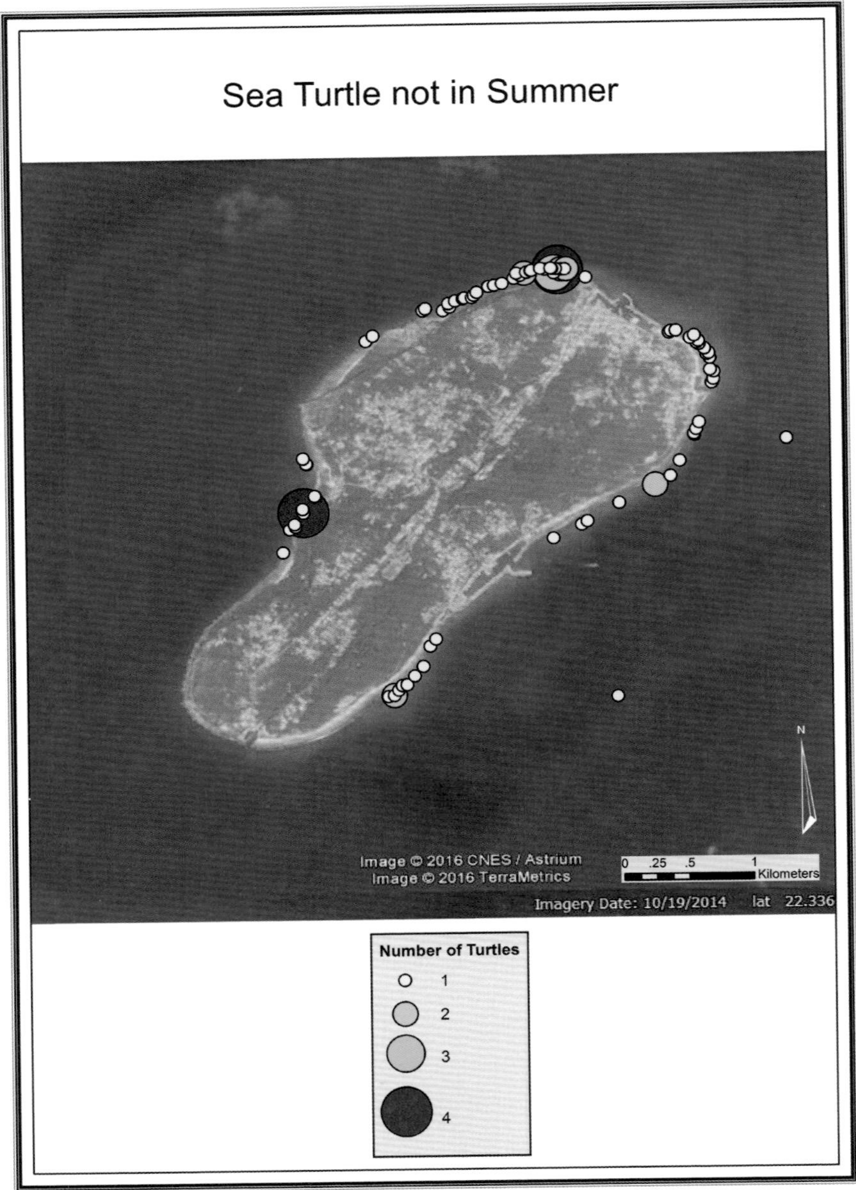

利用臉部辨識法，加上地理資訊系統的整理，我們就能找出小琉球周邊海域中，海龜在夏季聚集的地區

這個技術能讓我們在最自然的情況下，進行族群變動（opulation dyanmics）研究：包括族群數量、移出及新個體的加入量、季節遷徙等，若加上雷射定距儀，或是比例尺的遠距離估算法，我們便可估算出海龜體型的大小，而算出留在該海域的海龜體長分布。族群變動的情形，便可在長年的研究中，獲得適當解決。

Phoo-ID 辨識法，在 2000 年就開始應用於非入侵性的族群數量之判斷上，2008 年起，英國學者將這個技術應用於海龜族群上，現在則變成全球一個新興的議題。它的缺點是個體辨識的正確性，取決於相片的解析度、海況及人與龜的相對位置。它的優點是：這個方法簡單又快速，因此很容易學習，我們可以和潛水人員合作，一方面請他們幫忙收集照片，另一方面也教導他們正確的水下賞龜及生態旅遊活動，達到觀光和保育雙贏的目的。

近年來，隨著電腦分析能力增強，一些類似 Access 配合統計分析的軟體問世。他們強調的是，傳統用肉眼的辨識法太耗時，而且主觀性太強，有可能會誤判，因此主張利用電腦的客觀性及處理大量數據的特性，來解決這些問題。他們的作法是將臉部鱗片的各種量測資料輸入電腦，或是輸入照片檔後，利用電腦的快速分析能力，在短時間內，加以分類及進行統計分析。這個做法的確能快速處理大量的照片，但前面所提到的影像清晰問題依然存在，且電腦不是人腦，它只是按照你的指令去做動作，完全不會判定所收集到的數據，是否眞正爲我們所需要的，這就是美國人常說的「Garbage in and garbage out」。此外，當照片清晰度不夠時，肉眼可以做正確的判斷，電腦卻會判讀爲無效的照片。最近有人將肉眼辨識與電腦辨識的結果加以比較，結果發現人眼辨識的速度雖慢，但正確率較高。因此，我們要問的是，科學家需要用一種速度快但失誤率較高的方法，還是速度慢但出錯率低的方法？

海龜的雜交種

一般而言，物種雜交會因主要維持生理機能的公母個體之兩組蛋白質系統無法相容而產生互斥的現象，這會造成子代發育不全，生理功能異常，甚至會夭折。所以在過去認爲雜交的存活率不高，即使活下來，也會像驢和馬交配後產生的騾一樣，是無法生育的。然而，海龜卻能產生健康的雜交種，不但能長大，而且還能傳宗接代！這種雜交種在過去，因攝影的技術不發達，所獲得的影像不多，也不太受人重視。近年來，雜交的證據越來越多，也引起廣泛的討論。大家好奇的是，爲何雜交的海龜能活得下來？答案是海龜族群的壽命長達一億年以上，所以演化的速度非常地緩慢，因此即使已經演化出七種海龜，除了革龜比其他六種海龜早了五千萬到六千萬年外，其餘海龜的基因相似度非常高，因此相容性也很高，雜交的後代就能健康的活下來。這就和人類一樣，因族群的演化速度非常的慢，就算分成了黑種人、白種人、黃種人等，但依然能結婚生子，也能產下像美國總統歐巴馬這種優異的混血兒！

海龜族群的管理

雖然海龜對其產卵地的忠誠度很高，但不同的產卵族群會聚集在同一海域覓食，其後代也可能會在同一海域成長，所以我們會將在同一區域活動的海龜，通常包括一個以上的產卵族群，當成一個單位來經營管理，這在保育學上，稱爲一個「保育單位：conservation unit」。這個「單位」的大小，通常依我們對海龜活動範圍的瞭解而定，像是美國佛羅里達州，就將在當地活動的赤蠵龜，依其產卵地分布、族群基因組成及活動範圍（由人造衛星追蹤的結果得知），分成大西洋北部、大西洋南部及墨西哥灣等三個管理單位。而在台灣的綠蠵龜，主要的產卵地爲澎湖縣的望安島、屏東縣的琉球嶼及台東縣的蘭嶼島，經由族群基因分析、人造衛星追蹤、產卵及覓食環境分析後發現，雖然三地的產卵環境會不一樣，但望安島及琉球嶼太近，加上望安和蘭嶼產卵母龜的產卵行爲、出生小海龜的大小及母龜產後回到覓食地的路徑和覓食地所在等都不一樣等資料判斷，台灣可分成望安及蘭嶼兩大海龜保育單位。

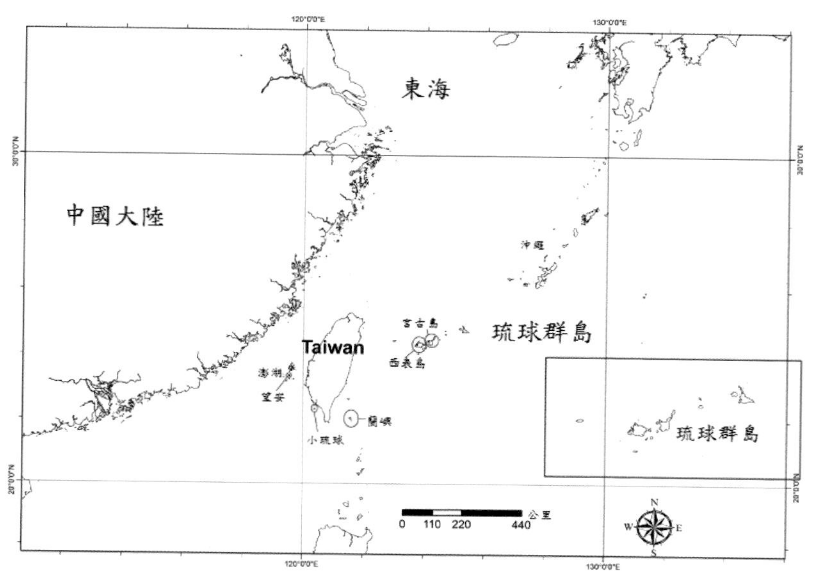

圖列表示台灣的三個產卵島嶼和日本兩個產卵島嶼距離都不遠，公龜因此容易和這三個產卵地的母龜交配。

CHAPTER

2

綠蠵龜的生殖生態

本章介紹台灣綠蠵龜的出生地、成龜的交配、母龜上岸產卵的行為、產卵地的選擇、小龜的孵化情形、性別比的決定、龜寶寶下海的機制及沙灘光害的影響。

SEATURTLES

台灣的綠蠵龜

海龜是海洋中的爬蟲類動物，其一生大部分的時間都在海中度過，但因在演化過程中，仍然保留了部分祖先——淡水龜的生活方式，所以會回到沙灘上去產卵，這形成了牠非常特別的生活方式。

海龜是屬於「資源驅動；resource driven」類動物，也就是說海龜在獲取足夠的資源後，才會進行大範圍的活動，如洄游等行爲。在這種情形下，母龜通常會在前一年於覓食海域飽餐一頓，有點過肥之後，才會於次年啓動激情素而進行生殖洄游。這主要的理由是，母龜會產下龜卵，而每個龜卵都有可能孵化出一頭稚龜，這代表若小海龜能長大，族群數量就會增加，因此母龜的體型要比公龜來的大，才能產生最大量的龜卵，所以牠必須在前一年攝取足夠多的能量，才能在次年的產卵季中，產下最多的龜卵。

由於每頭母龜每年的身體狀況及所棲息的環境都可能會不同，因此要胖到足夠啓動產卵洄游機制的時間也差異很大。此外，演化學的推論也發現，會進行長距離洄游（如超過數百到數千公里以上）的物種，因無法預測其產卵地是否會產生變化，而在洄游過程中，所需花費的能量及被捕殺的風險不變時，

Chapter 2

綠蠵龜的生殖生態

最好的生存策略是不定期的進行產卵洄游，以集中能量增加下一代的數量，及減少固定的開銷，因此母龜會每隔 2 ～ 9 年，平均為 4 ～ 5 年，返回出生地去產卵一次，上岸產卵母龜的數量，每年變異也很大，通常會超過 200 ～ 300%。

公龜因僅提供精子，每個精子所占的空間及所需要的資源都很少，加上大部分的精子都無法使卵子受孕產生後代，因此公龜不必儲藏大量的能量，就能進行生殖行為。一般而言，公龜每年或是每隔一年就會進行一次生殖洄游。

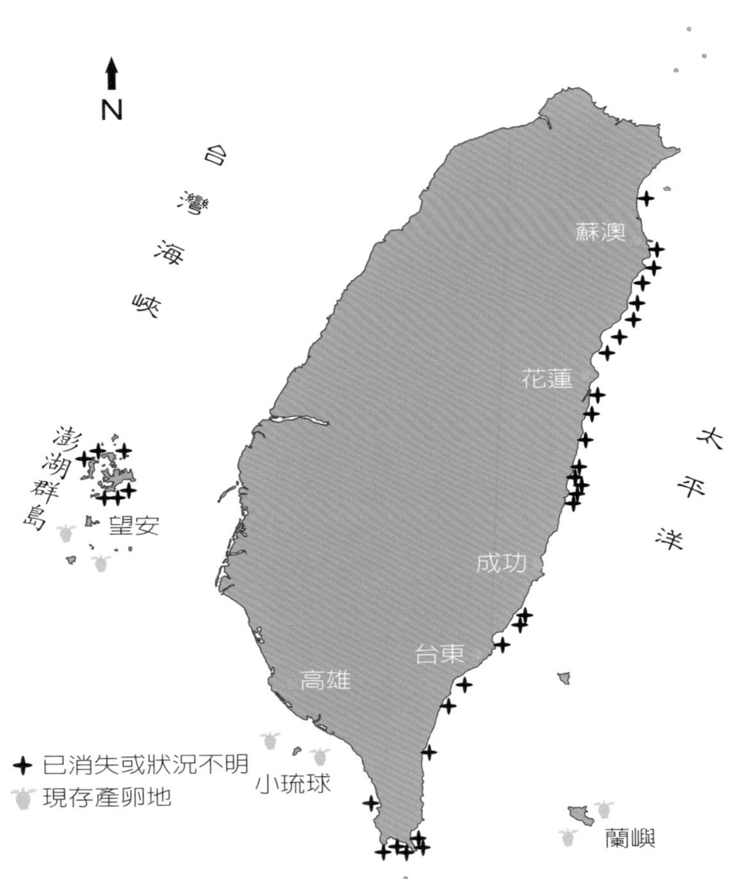

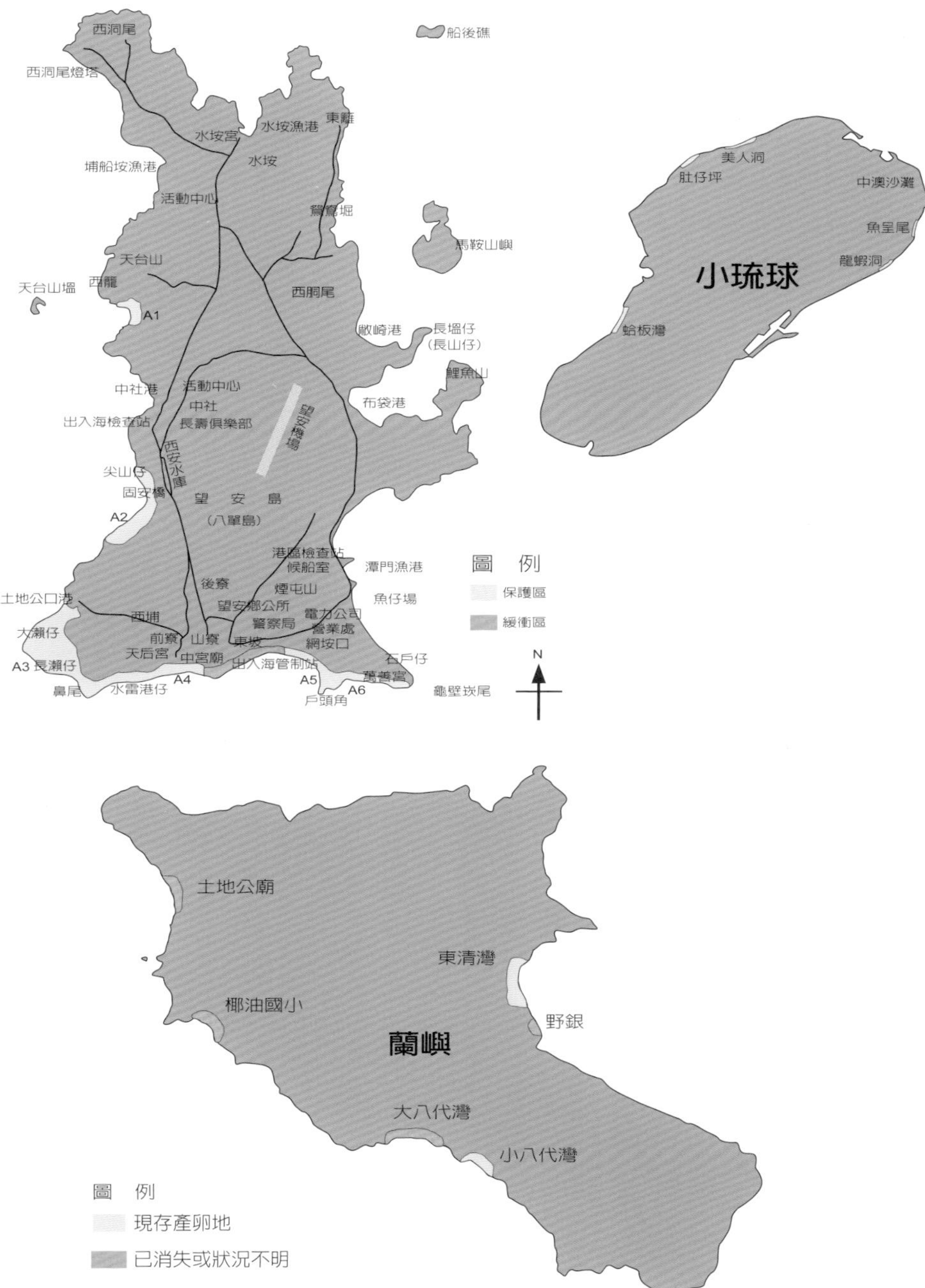
西洞尾
西洞尾燈塔
船後礁
水垵宮
水垵漁港
東灘
水垵
埔船垵漁港
活動中心
鴛鴦堀
馬鞍山嶼
天台山
天台山塭
西龍
西胴尾
A1
鮲崎港
長塭仔
(長山仔)
鯉魚山
中社港
活動中心
中社
長壽俱樂部
望安機場
布袋港
出入海檢查站
西安水庫
尖山仔
固安橋
望　安　島
(八單島)
A2
港區檢查站
候船室
潭門漁港
後寮
煙屯山
魚仔場
土地公口港
西埔
望安鄉公所
電力公司
營業處
警察局
大瀨仔
前寮
山寮
東坡
網垵口
天后宮
中宮廟
出入海管制站
石戶仔
A3 長瀨仔
A4
A5
萬善宮
A6
鼻尾
水雷港仔
戶頭角
龜壁崁尾
N
圖　例
保護區
緩衝區
小琉球
美人洞
肚仔坪
中澳沙灘
魚呈尾
龍蝦洞
蛤板灣
土地公廟
東清灣
椰油國小
野銀
蘭嶼
大八代灣
小八代灣
圖　例
現存產卵地
已消失或狀況不明

成龜的交配

海龜成熟後，便會返回其出生地去繁衍下一代，發情的母龜除了體型變大之外，沒有太多改變，而公龜除了尾巴變長外，腹甲也會變軟，前鰭狀肢的爪子也會變長，以利於交配時固定在母龜的背甲上。產卵季開始後，海龜會回到出生地去繁衍下一代。公龜和母龜的交配行爲不一樣，由於海龜是卵生類動物，所以沒有哺乳動物的群社行爲，因此在發情後，公龜會找尋任何覺得合適的「對象」交配；除了母龜外，公龜也會試著對潛水員、氣瓶等進行嘗試！在這種情形下，一頭公龜會和多頭母龜進行交配，公龜間因爭風吃醋而打架互咬的情形也十分常見。有的母龜則會因公龜的行爲過於粗暴而有避開的動作，否則會危及牠的生命安全，以往就曾發生過許多公龜堆疊在母龜背甲上試著進行交配，導致母龜無法浮上水面換氣，而窒息死亡的情形。

公母龜交配圖

此外，公龜因爲多情種子，所以會和許多母龜交配，根據龜卵的基因研究得知，同一窩龜卵中會含 1 ～ 5 個爸爸的基因 ，平均爲 2 ～ 3 個。更甚者，公龜發情後便會開始試著與母龜交配，所以牠會從覓食海域就開始這種行爲，一直到精子用盡爲止。由於許多產卵族群會在同一海域覓食，公龜這種行爲便會將基因散布給其他族群，在這種情形下，雖然公龜和母龜均會回到出生地去交配繁衍下一代，但不會有近親交配的問題。

在澎湖縣望安島附近的海域，每年二～四月間，成熟的公、母龜就會在此進行交配。母龜在交配後，會將精子儲存於體內，以備精卵結合之用。交配期結束後，母龜會等水溫合適後上岸產卵，而公龜則直接返回其覓食的海域，或是在附近逗留，直到產卵季結束後，才返回其覓食海域。由於海龜是外溫爬蟲類動物，其生理活動會受周圍的水溫所影響，因此要等到水溫夠高時（高過攝氏 24 度以上）才會上岸產卵。

在澎湖縣的望安島，產卵季是從每年的五、六月到十月中旬或是下旬，屏東縣琉球嶼的產卵季和望安島差不多，但因產卵族群量較少：一～七頭，所以產卵季會較短。而另一產卵地——台東縣的蘭嶼島，它雖然是熱帶雨林型島嶼，終年都有綠蠵龜上岸產卵紀錄，但產卵季主要集中在六月初到九月中旬水溫較高的時間。在南沙群島的太平島上，因地屬赤道帶附近，水溫很高，終年都會有綠蠵龜上岸產卵！

成熟的母綠蠵龜（上）與公綠蠵龜（下）。
（台中潛水協會提供）

上岸產卵

母龜雖然是海中的游泳高手，但在陸地上，因爲沒有可供快速移動的腳，只有兩對鰭狀肢，身軀又很笨重（體重在百公斤以上），只能慢慢地爬行，自身又沒有防禦能力，因此在沙灘上很容易受到天敵的攻擊，所以通常會選擇在夏天的夜晚於人煙稀少的沙灘上岸產卵。然而，因爲怕受到干擾，母龜多會選擇進出不易的沙灘上岸。當牠的棲地遭到破壞或改變時，便會放棄這塊棲地，重新找尋新的居所。另外，有 5% 的母龜也會在沒有任何干擾的情形下，因無法解釋的理由，而選擇在不同的島嶼產卵。

上岸後在沙灘爬行尋找產卵地的母龜

母龜在上岸前，會在水邊先觀察一陣子。此時，牠十分敏感，任何大型的生物在附近活動，如人類的走近或是動物，即使是一隻螃蟹，都有可能使牠心生畏懼而放棄其產卵行爲。在確定沒有可能的天敵威脅後，母龜才會爬出水面，在沙灘上找尋合適的產卵地。

所有海龜的產卵行爲均大同小異：牠們在爬行約 20 ～ 30 分鐘，於沙灘後方長草之處，找尋可能的產卵地之後，會先用前肢以拋沙的方式挖出一個深約 20～30公分深的體洞，俗稱爲「大洞」。母龜這麼做是爲了清除卵窩附近的雜草及雜物的「整地」行爲。這個動作至少約需 10 ～ 30 分鐘才會完成。等到體洞挖好之後，母龜便會利用牠的後肢挖出一個約 70 公分深，寬約 20 ～ 30 公分甕形的產卵洞（俗稱爲「小洞」）。在澎湖縣的望安島上，平均卵窩深度介於 62 ～ 73 公分深，而在台東縣的蘭嶼島上，平均卵窩深度則介於 67 ～ 81 公分深，琉球嶼則介於 60 ～ 75 公分之間。此時母龜的警覺性仍然很高，任何形式的干擾，都會使牠立即放棄產卵行爲而返回大海。

正在挖體洞的母龜

母龜在挖洞時也可能因沙灘太乾，以致於產卵洞容易崩塌，或是沙灘中含有硬物如礫石、塑膠物品等的阻隔，或是沙不夠厚，而放棄挖掘的行爲，有時母龜也會在沒有任何理由的情形下，停止挖掘產卵洞而離去，這會使沙灘上留下像炸彈坑般大的體洞。在沒有人爲干擾的情形下，母龜通常會在沙灘上爬行一段時間，繼續找尋新的產卵地，或是短暫的下海後再度回到沙灘上，繼續找尋合適的產卵地。在望安島上，曾經發生過一頭母龜，在沙灘上花了整晚時間挖掘 36 個體洞而不產卵的情形，直到第二天晚上才上岸完成產卵大事。

在蘭嶼島上，我們也發現母龜曾經沿著沙灘末端的乾溝一直爬到環島公路的橋下，或沿著防波堤邊的水泥步道爬行一段後，因找不到合適的產卵地而折返，並在沙灘挖了數個體洞後，又爬回大海！但若海龜遭到人爲的騷擾而下海的話，牠會遲上至少一天才再度上岸產卵，在嚴重的情形下，甚至可能到其他的沙灘或是鄰近的島嶼去產卵！屆時，人類可能因一時的過度好奇而將母龜「趕走」。

正在挖產卵洞的母龜

母龜至少約需 20 ～ 60 分鐘來構築甕形的產卵洞，此時海龜的敏感度仍高，易受干擾而放棄其產卵行爲。待產卵洞挖好之後，母龜便會花上 10 ～ 15 分鐘的時間產下約 100 粒如乒乓球大小、具有皮質外殼的龜卵。此時，母龜可能因體內賀爾蒙的改變而進入半睡眠狀態，但對於過多干擾如撫摸及拍打龜背、使用照明器材攝影、乘騎海龜等不當的行爲等，都會使母龜突然覺醒，終止產卵行爲而返回大海。在這種情形下，母龜何時會再回來產卵，則是未知數！

母龜產下如乒乓球大小般的龜卵

產完卵後，母龜用後肢將產卵洞覆蓋起來。

母龜在產完卵後，會花上約5～10分鐘的時間，用後肢覆沙將產卵洞掩埋起來。不同海龜的覆沙行爲會略有不同，像是綠蠵龜將沙覆上後就算是交差了事，而赤蠵龜則在覆沙後還會用後肢壓一壓產卵洞。之後，母龜又會花上約1～2小時的時間，用前肢以拋沙的方式，一面繼續覆沙一面向前爬行，形成一個長斜橢圓形的覆蓋沙土。此期間，母龜會因逐漸醒覺而恢復其原有的敏感度。母龜產後的覆沙行爲，是在確定卵窩上覆蓋了足夠深的沙子，這樣一來，龜卵才能在溫度及濕度都很穩定的環境中孵化。母龜在做完這些動作後，便會拖著疲憊的身軀，筆直的爬回大海。

產卵洞覆蓋完畢後，母龜用前肢以拋沙的方式，一面向前爬一面堆高卵窩上方的沙子。

母龜結束拋沙的行為，爬出卵窩準備離去。

爬下沙灘，準備返回大海的母龜。

和進行長距離遷徙的動物一樣，許多海龜在整個產卵期間，是不吃東西的。因此母龜在進行產卵洄游前，先吃飽不是沒有道理的。此外，不同的母龜在同一季中兩次上岸產卵的時間差距會不一樣：短則 9 ～ 10 天，長則 16 ～ 18 天，平均在望安島約爲兩週，在蘭嶼島則約爲 10 ～ 11 天，在琉球嶼約爲 11 ～ 13 天。在這段時間裡，母龜會在海中休息，或是找尋食物以補充能量，等到卵子成熟、排卵並與精子結合後，才會再次上岸產卵。

在台灣，每個島的周圍海洋環境和水深不同，各島的母龜在兩次產卵間之活動方式均有些不同，像是望安島及琉球嶼的水淺，島的四周都是珊瑚礁，母龜會在海底休息或是覓食，以補充產卵所耗損的能量。而蘭嶼島的水很深，母龜不可能潛到海底休息或找食物吃，牠就會待在浮力和沉降力平衡的海中（稱之爲中性浮力；在綠蠵龜約 19 米左右）休息，有時也會漂浮在水面上，以節省能量的消耗，或是晒太陽。但各島的產卵母龜，均有一些相同的行爲，就是母龜多會待在產卵地附近的海域活動，且於下次產卵的前幾天，會在上岸沙灘附近的水中徘徊，找尋上岸地點。

下海的母龜

沙灘上留下的母龜爬痕

產卵地的選擇

根據調查顯示，在台東縣的蘭嶼島、屏東縣的琉球嶼及南沙群島的太平島上，因沙灘短小且大多平坦，母龜都會選擇在樹欉下或是附近產卵。

而在望安島產下的卵窩多分布於沙草交界區，其次是草地上，少有產在開闊的沙灘上。這種現象可能與在沙草交界區有草根能穩定沙層，使卵窩較易挖成有關。而在開闊的沙灘上，因沙子中的含水量低，使卵窩在挖掘中較易崩塌，而挖不成卵窩。

在蘭嶼島上，卵窩多會集中於植被較少及樹蔭較多，也就是沙溫較低的地區。因此，如要有效保護產卵的綠蠵龜，除了不可騷擾母龜外，應儘量保存沙灘的原始風貌，不要將草地除掉，也不要在產卵的沙灘上或是緊鄰著沙灘蓋永久性的建築物如衛浴設備等，這都會造成沙灘及產卵地的流失。

東沙島上的海龜產卵沙灘

蘭嶼島上的綠蠵龜產卵沙灘

南沙太平島上的海龜產卵沙灘

望安島上的綠蠵龜產卵沙灘

小海龜的孵化過程

器官形成期

海龜的龜卵孵化可分爲三個階段，第一階段爲「器官形成期」，一些重要的器官如心臟、神經、體節等會在此時形成。由於不是大量的增加細胞數量或是細胞的增長，所需的新陳代謝量不多，胚胎的發育多與氣溫及降雨量有關。

龜卵的外皮與雞蛋、鳥蛋不同之處在於；龜卵外皮所含的碳量較高而鈣量較低，所以海龜的龜卵是絲質多孔的卵皮，而鳥蛋與雞蛋的外皮則是含鈣量較高、堅硬且不具有與外界聯繫之蛋孔的蛋殼。這個差別是因爲龜卵產在潮濕且溫度變化不大的沙灘中，因此龜卵在孵化過程中，會與沙層中的水分及氣體如氧氣與二氧化碳交換。而鳥蛋與雞蛋則是在乾燥的環境中孵化，因此胚胎須與外界隔離，才不會因水分喪失而導致孵化失敗。不過就是因其卵皮多孔，所以龜卵的孵化成功與否及會產生多少畸形的小海龜，就與沙層中的溫度、含水量、氣體通透度十分有關。

當龜卵孵化到前三分之一期（也就是孵化至第三到五週時），胚胎的性器官會形成，此時，周圍環境的沙溫會決定其性別。

並非所有小海龜都可以順利出生，左側兩顆卵已壞死。

海龜的性別決定

在有性生殖的世界裡，除了孤雌生殖（即由未受精卵發育成有性別的個體）、雌雄同體及性轉換（即在一生中，小時的性別和長大後是不一樣）外，公母的性別是分開的。有的在精卵結合時就知道性別的，這叫做「基因決定性別」，就像人類一樣。有的是由環境因子如Ph值等決定的，這叫做「環境決定性別」，在各種環境因子中，以溫度的影響最爲顯著，這是因爲所有的生理活動都和溫度有關，所以又稱爲「溫度決定性別」，海龜的精卵結合時是沒有性別的，待性器官發育時，才由卵窩的沙溫決定性別。

從演化學的角度來看，地球平均每四萬年會出現一次冰河期，而海龜存在地球上已超過2億年，因此牠經歷過非常多次地球氣候的劇變。由於海龜的族群量（即數目的多少）決定於母龜能產生多少卵子數，而非精子數，因此高溫會產生體型較大的母龜，並能產下較多的卵子。

在自然界中，高溫代表著氣候好，海洋的生產力旺盛，食物就豐盛，同時動物也會長得較快。因此孵化時的溫度高，自然就會產生母龜，這會增加海龜族群的數量，並使海龜在物競天擇的競爭中，較不會被淘汰，而低溫度時就只會產生公龜。由於自然界中的氣候變化很大，最好的生存策略是剛受精時不要有性別，等到性器官發育時再決定，這樣就能達到最佳適應氣候變化之策略。

根據研究顯示，當沙溫低於28℃時，綠蠵龜的胚胎會孵化出公的海龜，而沙溫高於32℃時，胚胎會孵化出母的海龜，在這兩個溫度之間，會孵化出公母均有的海龜。由於海龜孵化到此時才會決定其性別，因此，此段時間也叫「性別決定期」或是「溫度敏感期」，而產生雌雄各半的溫度稱之爲「中樞溫度」，這段影響性別甚鉅的溫度範圍則稱爲「過渡性的溫度範圍」。雖說性別決定之溫度會隨著海龜種類、地點及季節而有所不同，但一般而言，海龜的中樞溫度均在29℃左右。在澎湖縣的望安島上，由於產卵季的卵窩沙溫較高，其平均溫度約爲32℃，因此有超過八成的稚龜會孵化爲雌性，而在台東縣的蘭嶼島上，因產卵季的卵窩沙溫較低，其平均溫度約爲30℃，因此有三成二的稚龜會孵化成雌性，而琉球嶼因氣候和望安類似，孵出的稚龜幾乎全數爲母龜。

器官生長及破殼期

胚胎在孵化到第二階段時，器官會大量的成長，不但清晰可見，而且稚龜的形狀也出現了，此期又稱之爲「器官生長期」。此期間，因器官會快速的成長，胚胎的代謝熱也會大增，不但卵窩溫度會明顯上升，龜卵對周圍沙層水分與氧氣的需求量也會大增。

胚胎孵化的第三階段爲「稚龜的破殼期」，此時卵黃尚未完全吸收至腹腔中，且胚胎外膜仍然連著卵膜，但稚龜已大致發育完成，牠會用其鼻前一個小而堅硬的小點啄破蛋皮而爬出（這個器官會在稚龜脫殼後就消失），並等待其他稚龜一起爬出沙灘。

在台灣，研究發現蘭嶼島的孵化沙層環境要比望安島來的濕、冷，且因細泥含量較高，這會使沙層中的氧氣流動較慢，造成龜卵在孵化過程中吸收氧氣的速度也較慢，同時產生的代謝熱也不易發散。在這種環境下，龜卵的孵化期會比望安島來的長。因此，產卵地的氣候及沙顆粒特性是決定龜卵孵化過程中吸收氧氣及孵化快慢的主要因子。

爬出卵窩的小海龜

小海龜破殼而出爬向大海

經過約 50 ～ 60 天的孵化後，小海龜誕生了！因孵化環境一致，同一窩卵的小海龜多會在同一時間內孵化出來，並攜手合作地爬出卵窩。在爬出卵窩的過程中，頂上的沙會落入空蛋皮中，龜卵中的液體（羊水）也會流入沙層中，這不但會形成一個小海龜可以活動的空間，也形成了牠往上爬的階梯，同時在沙灘表面會形成一凹陷的淺洞。當這個淺洞形成時，即代表在 3 ～ 7 日之內，小海龜們便會爬上沙灘了。在爬出的過程中，小海龜並非一直爬個不停，而是努力的向上衝一段距離後，就會因缺氧而停止爬行，等到沙層中的氧氣量堆積夠多時再繼續向上衝。由於怕太熱會使海龜失去活動的能力，也怕被天敵發現，這些小海龜在爬到距沙灘表面十幾公分時就會停下來，等待一天氣溫最低的時刻，也就是在快天亮時，才會奮力地爬出地面離去。

小海龜爬出卵窩時，通常是幾隻體力最好的小海龜先爬出地面，接著就是一群少則二、三十隻，多則七、八十隻

體力略差的小海龜同時爬出地面。最後，一些小海龜會因體力太弱而爬不出卵窩。同時，卵窩中還有若干沒有孵化成功的胚胎及孵化後因各種不利因素而死亡的小海龜。對於那些還活著但沒能力爬出卵窩的小海龜而言，若無法及時將牠們「拯救」出來的話，他們將會困死在卵窩之中！

一群小綠蠵龜在沙灘上爬行的模樣

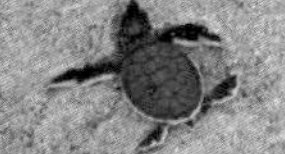

小海龜在爬出地面之後，會依三種方式來判斷返回大海的方向：一個是會向光亮的方向爬去，這是因爲陸地的物質會吸收光線，而海面則會反光，所以不論是來自天體如星星、月亮的任何光線，或是來自人爲光源如城市、房舍、路燈、漁火等，照在地面上時大多會被吸收掉，而海面則會因反光而顯得比陸地來的亮。此外，由於母龜會選擇在人煙稀少的沙灘上產卵，海上自然會比陸地來的亮，對龜寶寶而言，向光亮的方向爬去，就代表能回到大海的懷抱；第二個是向下坡的方向爬去，這是因爲卵窩都位在比水面還要高的沙灘上，因此龜寶寶向下坡的方向爬去，就代表這一定是回家的路；第三個是避開有形狀的遮蔽物，這是因爲在自然的沙灘上，有形狀的遮蔽物通常是沙丘或是樹林，而這些遮蔽物都位在沙灘的後方，因此有遮蔽物擋在前面就代表這是與回家相反的方向。

有人曾懷疑，滿月時因月光很亮，整個沙灘看過去和白天一樣，是否會對小海龜的下海行爲產生負面影響。對此問題，研究人員在實驗中發現，雖然小海龜對光線的反應在水平方向很寬，但在垂直的方向卻不高，因此月光的強弱不會對小海龜的下海行爲產生負面影響。當牠們到達水邊時，便會朝著海浪的方向，筆直的衝進大海，因爲迎著浪才代表那是大海的方向，也只有這樣，才能在最短的時間內，脫離陸上及近海天敵的威脅。小海龜在離開陸地後，會不停地向外游上一至兩天，才會在較深的水中順著洋流，漂向牠位在大洋中浮游成長的棲地。

不同的產卵及周遭海洋環境所孵化出的小海龜，其體型及活動力都不會一樣，像在台灣，望安的氣候比蘭嶼來的熱且乾，所以孵化期要短。然而，望安島所孵化出的小海龜，體型較大也較重，活動力也較強，有可能是望安島附近爲廣大的淺水珊瑚礁區，小海龜要大一點，活動力也要強一點，才能早日脫離天敵的捕食壓力。而蘭嶼島位於強大的黑潮附近，且水也很深，所以小海龜只要能游進黑潮，就能快速的離開天敵密集之沿近海。在這種情形下，小海龜體型就要小一點，才能減少被天敵發現的機率，相對來說，體力自然會差一些。

海龜的一生

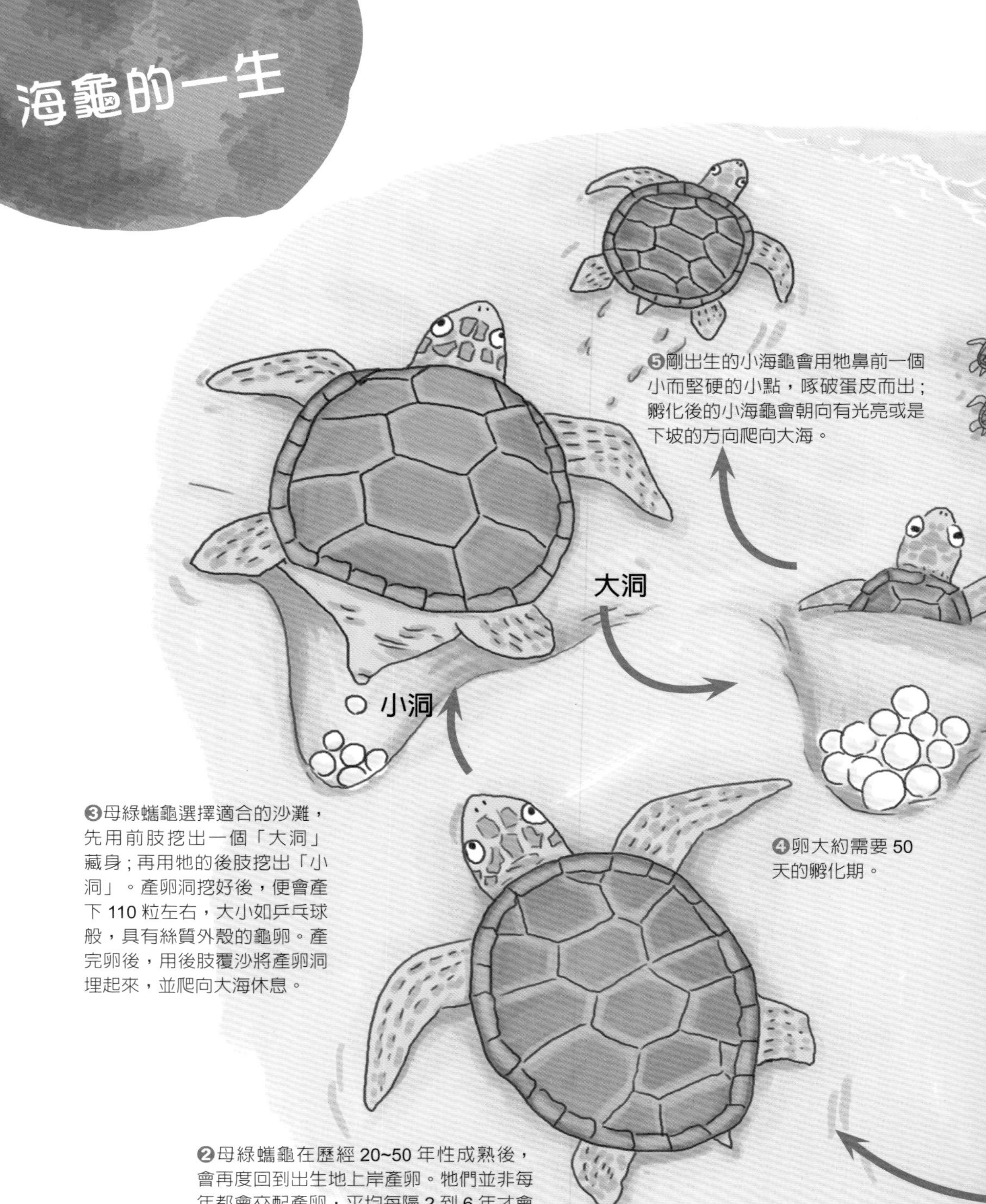

❺剛出生的小海龜會用牠鼻前一個小而堅硬的小點，啄破蛋皮而出；孵化後的小海龜會朝向有光亮或是下坡的方向爬向大海。
大洞
小洞
❸母綠蠵龜選擇適合的沙灘，先用前肢挖出一個「大洞」藏身；再用牠的後肢挖出「小洞」。產卵洞挖好後，便會產下 110 粒左右，大小如乒乓球般，具有絲質外殼的龜卵。產完卵後，用後肢覆沙將產卵洞埋起來，並爬向大海休息。
❹卵大約需要 50 天的孵化期。
❷母綠蠵龜在歷經 20~50 年性成熟後，會再度回到出生地上岸產卵。牠們並非每年都會交配產卵，平均每隔 2 到 6 年才會返回其出生地去交配及產卵。

❻小海龜會在大洋中央的漂流性馬尾藻下，過著以浮游生物為食的浮游性生活。

❼小海龜一直要長到二、三十公分背甲長後，才會結束其浮游性的生活，回到岸邊的淺水區，選擇一處海草及大型藻類豐盛的海域安定下來，過著以這些食物為生的底棲性生活。

❶在產卵前，公龜和母龜會從其覓食海域洄游到產卵沙灘附近的海域進行交配。

CHAPTER

3

大海中的航行者

本章敘述從小海龜下海後，各主要年齡的洄游行為，母龜如何找到自己的家，配上潛水行為的三度空間之行為、追蹤儀器介紹及在台灣產卵海龜之海上行蹤。

SEATURTLES

海龜洄游之謎

小丑魚爸爸 Nimo 和海龜一起順著洋流，游到千里外的澳洲去找尋牠的寶貝兒子，途中與海龜共游了一段距離；這段影片雖然充滿了戲劇的效果，但卻說明了海龜在大洋中的活動與洋流間存在某種很有趣的關係。

海龜因一生中重要的成長階段，有可能在不同的地點和環境中度過，有時不同年齡的居住海域，會差上幾千公里甚至是整個大洋，因此當牠必須由一個居住地（稱之爲棲地）搬到另一個居住地時，就必須洄游才能到達，牠洄游的距離可從只有幾十公里的玳瑁或是公欖蠵龜到穿過大洋達數萬公里以上的革龜。而在不同的生命階段中，如幼年時期、青少年期、成年期等，決定牠何時洄游、往哪裡去的環境及生理條件均可能不盡相同，所以海龜的洄游行爲差異很大，有時毫無通則可言。

小海龜下海後到大洋中的棲地

小海龜在下海之後，會逆著海浪的方向游去，在游到較深的水域中，會靠著地磁強度、當地地磁的方向和地球內磁場主軸間的角度（稱之爲「地磁傾角」），游進大洋中的主要洋流，再順著洋流到達大洋中漂流性馬尾藻的下方，過著靠浮游生物爲食的日子，由於一方面小海龜的死亡率太高，另一方面目前的科技也無法很有效的追蹤牠們下海後的行蹤，所以無法得知牠們是怎樣從出生地到達大洋中的，因此仍以海龜研究之父—— Dr. Archi Carr 在 50 年代提出的「迷失的歲月」來形容海龜的這段生活史。

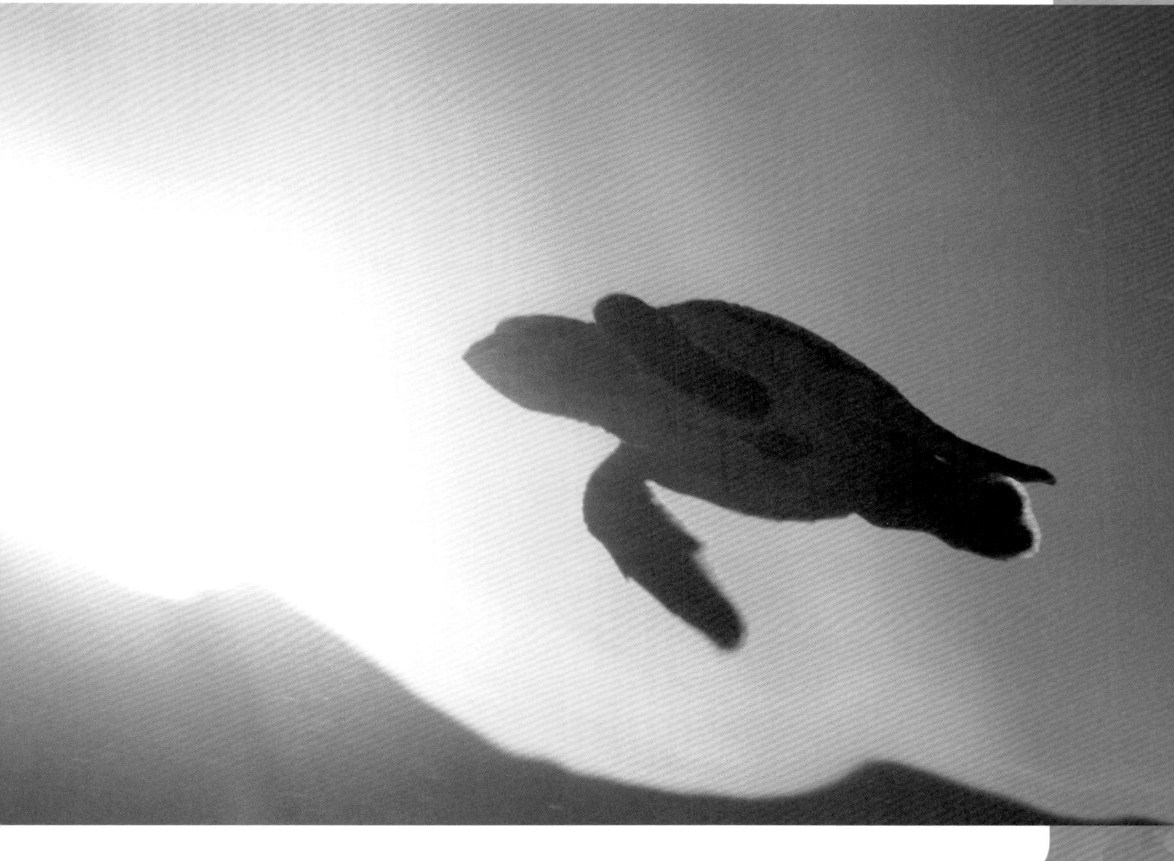

小海龜到亞成龜的棲地

亞成龜（Subadult）是指小海龜在離開大洋中的漂流馬尾藻，回到淺水海域生活，直到長大成熟間的個體。一般而言，小海龜在漂流藻下生活四、五年，當長到十幾公分後，便會離開牠幼年居住的環境（稱之爲「飼育場」），並游到亞成龜的覓食海域。至於牠如何到達這些海域，則有若干不同的說法，有的認爲是地磁強度及傾角加上可能和鳥類一樣靠著星星及日月等天體，或是山岳、島嶼等地標作爲方向的指引前進，也有的認爲海龜僅是利用洋流便可作爲牠洄游的指標等。當海龜遷到食物豐富的海域時，便可加快牠的成長速度以便早點成熟，來繁衍下一代及減少天敵的捕食壓力。

亞成龜的成長棲地從一個到數個都有，端看當地的食物量是否足夠讓牠長大成熟，如果當地的食物量夠大、夠多元化，那海龜的成長棲地就會只有一個，但若食物量不夠，那當海龜長到一定大小後，會因食物不夠吃而洄游到另一個棲地去找尋新的食物源，在這種情形下，海龜就會有二個到數個成長棲地。然而，就像人類一樣，從小到大身體狀況及需要的食物種類及數量都會不一樣，很難有任何一個棲地，能同時滿足海龜成長的所有需求，因此海龜會在成長過程中，待在一個以上的成長棲地，一直到成熟後，因爲食物的需求種類及數量都固定了，才不再做任何的搬遷，並將最後棲息的海域視爲「覓食海域」，以後便在覓食海域與產卵場間做定點洄游，並對兩處都有很高的忠誠度。

海龜的成長及覓食海域，並非如一般人所認知的都位在沿岸淺海區，而是與其食物分布有關。事實上，由近年人造衛星追蹤的研究得知，部分赤蠵龜、革龜、肯氏龜及欖蠵龜等的棲地都在大洋中，牠們以追逐大洋中的水母（革龜）、魚蝦（欖蠵龜及肯氏龜）及甲殼類（赤蠵龜）爲食。其他的海龜（綠蠵龜、部分的赤蠵龜、平背龜及玳瑁）則都會以淺海區作爲成長的棲地，其中綠蠵龜及平背龜以海草床及紅樹林，而玳瑁以珊瑚礁爲其成長棲地，部分的赤蠵龜也會以岩岸作爲其成長的棲地，找尋底棲性的甲殼類動物爲食。

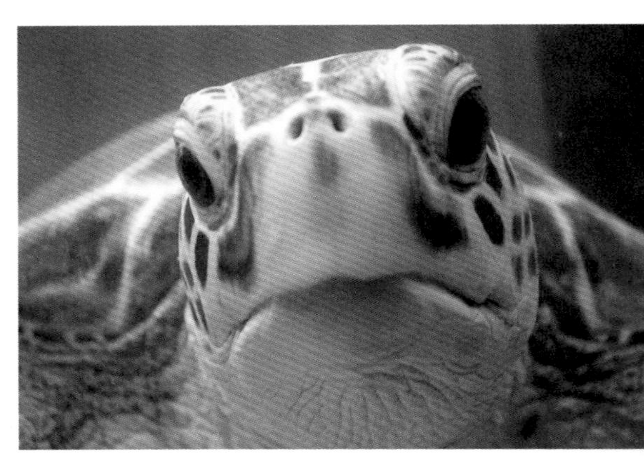

成熟海龜的生殖洄游

綠蠵龜在過了二十到五十年長爲成龜後，便會返回其出生地去完成傳宗接代的任務。海龜因屬於一生多次產卵的長壽型動物，所以牠在成熟後，每隔一到數年間便會進行一次產卵洄游。海龜的產卵洄游一直是個令人著迷的問題，普羅大衆及包括學者在內，常常會問：「海龜爲何要回到出生地去產卵？海龜多久會回去產卵？牠如果長二十到五十年才會成熟的話，那牠又如何確定千里外的一小片沙灘就是牠的出生地？……」以下即是人們常會問到的問題：

海龜為何會回到其出生地去傳宗接代？

Dr. Carr 在他 1980 年的《So excellent a fishe》一書中提出，海龜在成熟後會回到其出生地去產卵的假說，由於當時科技並不發達，這個說法根本無法證實，許多學者，包括他在內，就曾試著用各種方法，像是在龜背上綁氫氣球、對回報的標記位置進行金錢獎勵等方式，以追蹤其海上行蹤，但都沒有成功，或是成效十分有限。這種假說一直到人造衛星追蹤技術商業化及生物科技（如 DNA 的分子生物鑑定法）進步之後才得以逐漸獲得證實，不過距 Dr. Carr 辭世已有數十年之久了！

至於海龜爲何會回到其出生地去交配及產卵，則可以從生態的角度來解釋，因爲小海龜在約五十天孵化後，會認爲其出生的沙灘才是最安全的地方，所以在離開前會記住其產卵地的一些特性，如地磁強度及傾角或是物理及化學特性。當牠成熟發情時，便會開啓這些「記憶之門」，幫助海龜返回其出生地去交配及產卵。

海龜如何找到回家的路？

自從 Dr. Carr 提出海龜會回到出生地去產卵的假說（natal homing hypothesis）之後，人們就一直在找尋證據。在分子生物的研究證明了母龜成熟後會返回出生地產卵後，海龜如何找到牠回家的路變成了極欲解決的問題。在經過長達二十年的研究後，目前有兩派學說問世；一派是以美國 Ken Lohmann 爲首的「地磁理論」說，他的論點全部來自實驗室的證據。基本上，他是建了一個很大的圓形水槽（中型實驗槽），在周圍繞上很多層線圈，利用通過電流會產生磁場的原理，模擬了地球上各地的地磁強度及傾角，來測試小海龜在不同條件下的游泳方向，再將這個結果與大洋的海流方向做比對，他發現小海龜會利用調整對地磁強度及傾角的反應（即游泳方向），以維持在溫暖及食物豐富的海域中活動。他也利用同一種理論來推測，成龜一定是在出生時以「印痕（imprint）」的方式，記下了出生地的地磁資料，所以當成熟時，便得以利用這些資料返回其出生地去產卵。這個說法十分吸引人，也好像很合邏輯。但和所有實驗室的研究一樣，這些單純條件下所得到的結論，是無法全然解釋自然界中分分秒秒都在改變的氣候及地磁的狀況。

Lohmann 自己也承認，因地磁每年都會做些許的漂移、島嶼的地形、地貌會改變及其他各種生物、非生物因素的影響，海龜需每隔不是很長的時間（如三到五年），就得返回其出生地一趟，才能更新其地磁的資料。這種說法固然可以解釋年紀較大，每隔數年便回去產卵一次的母龜返鄉行爲，但卻無法解釋在小海龜下海後，過了二十到五十年才成熟的母龜返鄉行爲。因爲在離家這麼久之後，所有的環境條件和剛出生時會有相當程度的差異，牠要怎樣才能認出「何處是兒家」呢？此外，一些野外的研究也證明他的理論有誤，如有人將磁鐵綁在產完卵正要返回其覓食海域的海

龜身上，以了解在干擾地磁的情形下，海龜的洄游路徑是否和沒綁上磁鐵之海龜的路徑有所不同，結果是沒有差異的。近年來，因發現地磁理論無法應用在近海的地區；如海龜會沿著海岸線洄游，而非依照地磁的方向前進，且地磁本身並非像經緯度一樣的精確。

另一派是以義大利之 Luschi 及英國的 Hays 爲首的「化學物質」學說，他們認爲海龜出生後會將其出生地的物理及化學特性（尤其是化學）之「印痕」留在記憶中，待成熟後，就憑著出生島嶼或是沙灘順著洋流或是風所傳送來的化學物質，回到其出生地去傳宗接代。這個說法源自於鮭魚利用其出生之河流所流出的化學物質，找到返鄉之路。爲了證明這個理論，他們做了很多的野外實驗，譬如說，將母龜搬離其產卵的沙灘或是島嶼的上風及下風處約一百公里，並裝上衛星發報器，看牠是否會回到產卵的沙灘。結果發現部分的海龜，尤其在島嶼下風處釋放的海龜，的確會回到產卵的沙灘。因此他們認爲藉著洋流傳來的產卵地之化學物質，才是牠們返鄉之路的指引。這個學說的理論基礎十分薄弱，因爲很難令人相信產卵沙灘或是島嶼流出的化學物質，能在傳送千里之後仍然不被洋流給稀釋掉，或是風能吹上百公里而不改變強度及方向。更何況許多島嶼會有位移的現象等等，這些變因都會使「化學物質」的學說無法自圓其說。

綠蠵龜

另一些學者則以其他動物，如鳥類等的遷徙方向之指標如太陽、月亮及其他天體物質的相對位置，或是特殊的沿岸地形等來解釋成龜如何找到回家之路。但海龜在大洋中有超過 97% 的時間都在水下度過，牠又如何能在短短的幾十秒鐘換氣時間，利用這些物體來決定牠何去何從？

到目前爲止，尙無任何一個學說能提出一個令人滿意的答案。唯一所知的是，Lohmann 教授在 2010 年的文章中，以折衷的方式來解釋這種返鄉的行爲：即承認地磁及其他的所有因子如天體物質、化學物質等等都是決定牠返鄉之路的指標。雖然，這種說法似乎有些道理，但因海龜是一個擅長游泳的動物，在某種程度上的確能決定自己的游泳方向。如將所有的因子都放在一起，也似乎太籠統而缺乏足夠的說服力！

近年來，一些與物理海洋相結合的研究卻顯示，海龜的游泳與洋流間存有一定的關係；牠有可能被洋流帶著走、順著洋流游，或是利用洋流做爲方向的指引等。然而，因生物海洋學者多不了解洋流的數值模式，多數的物理海洋學者，也不太願意與生物海洋學家交換意見，但海龜在大洋中游泳，會受到洋流的影響，所以這類研究，其實需要生物及物理海洋學家攜手合作，才能找出正確的解法。像在蘭嶼島產卵的母龜，多數在產卵季結束後，會順著黑潮向北游，到達其覓食海域──南琉球群島的宮古、西表等島嶼的近海。問題是這些島嶼都不在黑潮的路徑上，因此海龜一旦進入黑潮後，牠又如何知道何時要離開，才不會被強大的黑潮帶到更遠的北方？

研究發現，黑潮面臨太平洋的外側，會產生反時針方向的渦流，造成邊緣的表層海水溫度較低，且部分的窩流也會轉向覓食海域。因此，母龜在接近覓食海域時，會游到黑潮的右邊，當牠感受到水溫及洋流方向改變時，便會奮力的游出黑潮，藉著渦流向覓食海域游去。但因黑潮外緣所形成的渦流不只一個，且形成的時間及持續多久都不一樣，因此海龜有時會「誤判」，像有一頭母龜太早離開黑潮，結果在數個窩流中，不斷的克服不同方向的水流，使牠的洄游速度變慢，而且多花了 6 天才到達牠的覓食海域！這就像在國道上行駛的車輛一樣，要到想去的鄉鎮，就必須下對交流道，否則太早或是太晚下交流道，都必須在省道或是小路上繞圈子，不但慢而且會晚到目的地是一樣的。由此可見，跨學門合作是可以解答海龜及海洋生物的洄游之謎。

如何追蹤海龜的海上行蹤？

海龜雖是最大的海洋爬蟲動物，但因其一生中大部分的時間都在海上度過，且有大洋洄游特性，因此十分難以追蹤。在過去，人們在海龜的鰭狀肢上釘上標籤，並利用回報的方式去找尋其芳蹤，及推測在這段期間的洄游路徑。此方法的優點是器材便宜且操作容易，也容易判讀，但缺點是：因海龜活動力甚強，標籤常會脫落，易造成將標籤脫落的海龜誤判為新加入族群的個體。

雖然，我們可以從上標部位所留下的疤痕來判斷是否為曾經在此產卵過的海龜，但這種判斷法會因每個人的經驗不同而有不同的答案。此外，當標記脫落後，我們也無法確定上岸的母龜是幾年前曾經來過的，這對海龜族群的研究，有非常不利的影響，也無法估算出產卵族群的數量。因此，這些傳統追蹤法的成效十分有限，這個問題在人造衛星追蹤技術的應用後才獲得解決。這項高科技在 70 年代中期起，學者便開始嘗試將它應用在野生動物的行為研究上，經過數十年的改進後，目前已十分成熟且容易操作，準確度及應用度也大大的提升。

人造衛星追蹤的原理是將衛星發報器固定在動物身上，再將動物所在位置及其他相關資料如溫度、潛水深度等，傳送給繞南北極的低高度環境衛星（距離地面約 8 萬公里高），衛星在接收到訊號後，下傳給地面的接收站，接收站在解碼後，便可利用網路及光碟的方式傳遞給研究人員，如此一來，我們不必出門，便可知道海龜的最新位置及相關的行為資料。

最早，衛星資料的運用，是將所測得的動物位置連結起來，以決定動物的可能去向及洄游的終點位置。它和衛星水色圖片剛發表時一樣，僅滿足人類對海龜何去何從的好奇感而已。然而，隨著科技的進步，在這個不到動物體重 3 ～ 5% 的儀器中能放進的感應器愈來愈多，能解答的問題也就愈來愈複雜。本著對未知的好奇，人們將興趣擴大爲探討；我們是否能利用它來了解動物的所有行爲，及到底能裝在多小的動物身上等問題。於是，在其他科技的配合下，研究人員開始嘗試去解答一些在幾年前認爲是不可能有答案的問題。像是：在配合洋流資訊及海龜的胃內含物，甚至是海龜及龜卵中的穩定同位素等資料下，我們就不必千里迢迢的跟著牠游，而能快速及準確的知道牠在海上的活動範圍及採取什麼方式到達目的地，若再配上深度儀，我們就能以 3-D（立體）的圖像完全解讀牠在海上的行爲，像是牠在某種海域會採取什麼速度及潛水類型前進，以及可能的理由等。

另一方面，如果將衛星追蹤技術配合分子生物的 DNA 定序，我們便能確定不同海龜族群的分布範圍。這些研究，對海龜基礎生物學的了解及保育工作，都有不可磨滅的貢獻。像是，若將海龜的海上行蹤與漁業活動範圍相配合，再加上捕魚的水深及海龜在那個海域中的潛水深度，我們便能了解海龜被漁業混獲的情形，若再加上有現場觀察員的紀錄，我們便能制定適切的保育法令，以保護這個瀕臨絕種的海洋爬蟲動物。

除了人造衛星追蹤的方法外，由輕航機的空中拍照觀察，也是另一種追蹤的方法，但這種方法因成本高，僅適用於調查海龜在沿近海活動的情形。最近有人提出用空拍機取代輕航機的想法，以節省人力成本，但空拍機的技術尚在發展中，這個想法雖好，但實用性還需等技術成熟後才能進行評估。此外，研究人員也將用於注射在寵物身上以做爲識別標記的晶片，注射在海龜後肢狀肢鱗片下的皮下組織中，以改善傳統上標

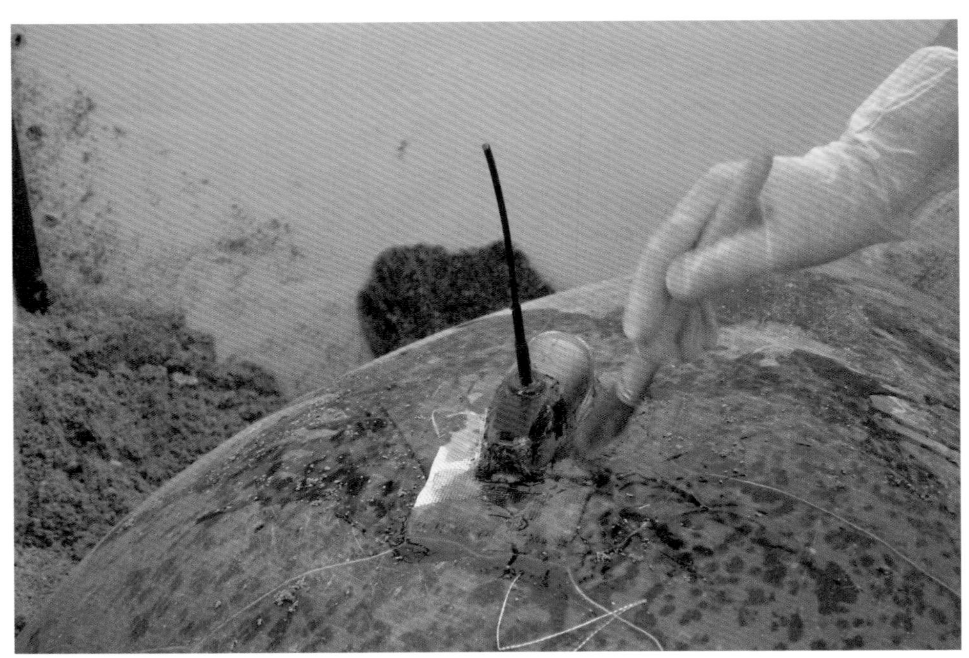

法的缺點。它操作的原理和寵物的注射晶片一樣：在晶片中放入一組編號，在植入動物的身體後，它因不會脫落也不會發出任何訊號，所以不會對動物的生理產生任何不利的影響，也沒有壽命長短的問題，這種標僅有在晶片掃描器判讀時才會顯示出設定的號碼，所以是一項十分有用的工具。唯一的問題是判讀器並不便宜，用途也十分有限，因此只有研究人員及獸醫師才擁有，一般人是不會購買的，晶片標的應用也就受到限制。目前最常用來追蹤的方法還是傳統的在四肢上標及回報和人造衛星追蹤等兩種方法。

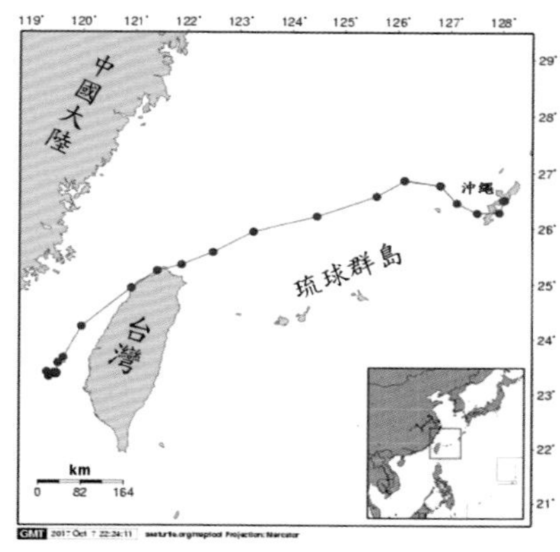

透過人造衛星追蹤，我們可得知海龜的海上行蹤。

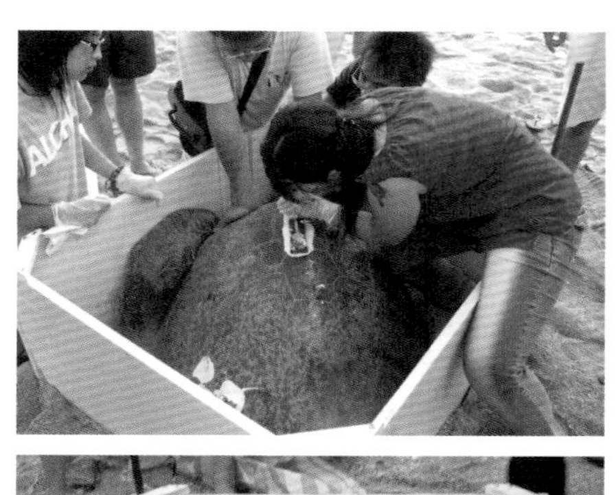

如何了解海龜的潛水行為？

海龜一生中絕大部分的時間都在水下度過，所以牠不是在二度空間，而是三度空間中活動，因此要了解牠的洄游行爲，就必須知道相關的潛水資訊。一般而言，動物在空氣中所遇到的最大問題是地心引力。但在水中不但會有氧氣不足的問題，還有氮氣的問題，因此動物便會適應這些環境的壓力，而做出若干生理上的改變。海龜因是用肺呼吸，所以潛太久會有氧氣不足的問題，爲了克服這個問題，海龜會採用開源及節流兩種做法，開源的做法是加強肺中氣體的交換量，一般人每次進行深呼吸只能換掉 20% 的氣體，而海龜每次呼吸，就可以換掉 90% 的氣體。

此外，一些會深潛的海龜如革龜，因爲下潛所消耗掉的氧氣比肺中儲藏來的多，牠的血液及肌肉（稱之爲肌紅蛋白；myoblobin）中的紅血球數量比不深潛的動物來的多，每個紅血球所含的血紅素也較多，這樣一來，肌肉及血液也能提供下潛所需的氧氣。在節流方面，海龜下潛，尤其是深潛時，會降低呼吸心跳以減少新陳代謝的開銷，必要時甚至會暫時進行無氧呼吸，以提供身體必要的能量。在氮氣方面，因爲它在高壓下會轉爲液態，而每下潛 10 公尺就會增加 1 大氣壓，所以當動物進行下潛，尤其是深潛時，肺中的氮氣就會變成液體，經由滲透的方式進入血液中。當動物上浮時，血液中的液態氮會因壓力降低而

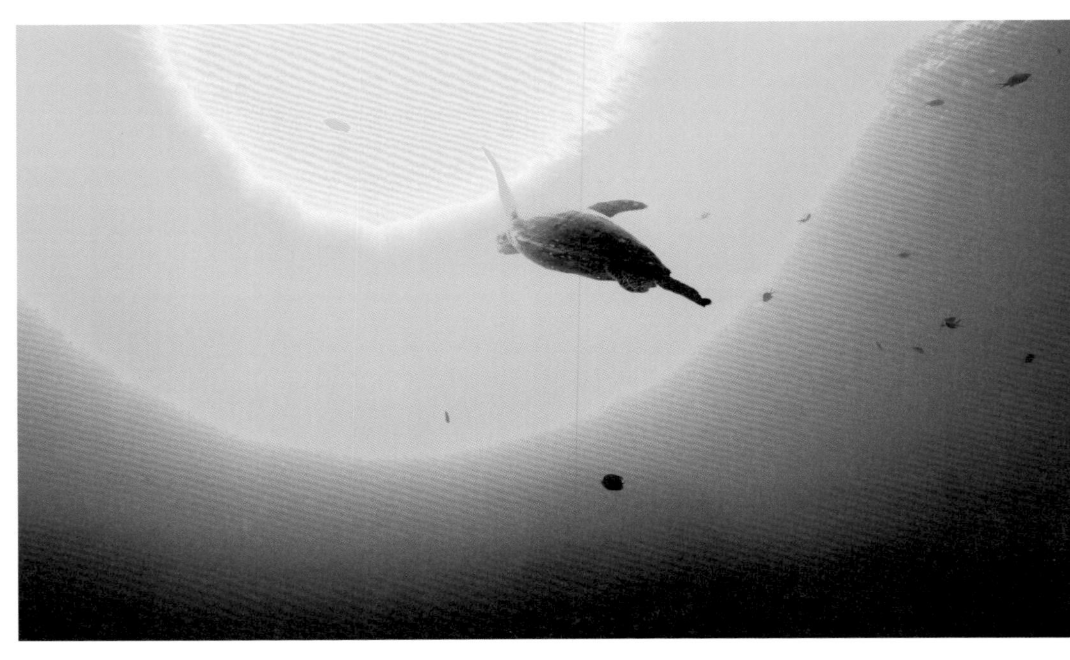

氣化，若在氣化前不能滲透回肺中，就會在血管中形成泡泡，阻礙血液循環，若堆積在關節部分，會造成關節的壞死，形成所謂的「潛水夫症」，若是堆積在通往腦部的血管中，動物會因腦部缺氧而死亡！在這種情形下，海龜會在深潛時先行一次深呼吸，然後將肺中大部分的氣體呼出，以減少下潛時肺中空氣所產生的浮力，同時利用有彈性的肋骨，將肺部邊緣壓扁，以減少氮氣液化後流入血液的機率，深潛的革龜還會將氣管加粗，以容納下潛時肺部剩餘的氣體。

既然海龜潛水時會面臨到這些問題，那牠潛水的目的何在？一般而言，海龜的潛水行為多與休息和覓食有關。如果海水不深，如十幾公尺不到，海龜通常會在沙底平坦處，找個地方休息或是睡覺。若在很淺的礁石區，海龜就會設法卡在礁石下休息，以免因浮力太大而浮上水面。在深水的海域中，海龜就會在中性浮力的水深處休息。海龜休息或是睡覺可長達 2 ～ 3 小時之久，才浮上水面換氣，此期間海龜會降慢呼吸速率，進行所謂的「龜息大法」。

海龜潛水深度的變化，主要和覓食有關，不同種的海龜，其食物分布的水深不同，海龜潛水的深度也會不一樣。一般而言，像綠蠵龜、玳瑁、赤蠵龜、欖蠵龜、肯氏龜及平背龜因其食物都分布在淺水區，所以潛水深度很少超過百米，但革龜因其主食——水母，會分布在各種深度中，所以潛水深度從表層到一千米都有，平均為四百到六百米深。此外，海龜在洄游時，也會隨著水深、天敵壓力、食物等而改變其游泳及潛水行為，以達最大的存活率。海龜的潛水行為可依需要分成六到七種類型：

（1）U 型：為海龜下潛後會直接潛到海底，然後在海底以休息或是海底爬行的方式前進或是覓食，等到要換氣時再浮上水面。因為形狀像 U，故而名之。

（2）V 型：為海龜下潛到最深後，很快就浮上來，因形狀像 V，故而名之，這種潛水為探索型潛水，視察一下深水處有哪些東西或是否有食物存在。

（3）W 型：為海龜下潛到最深處，浮上一段短距離後再度下潛到最深處後浮上水面，因形狀像 W，故而名之，這種潛水也是探索型的潛水。

（4）S 型：為海龜下潛到最深後，主動浮上一小段後，再自然的一面滑行一面上浮，於接近水面時便直接浮出，因形狀像 S 或是反 S，故以 S 型名之，這種潛水爲最省力的方式，因此多用於大洋洄游。

（5）C 型：爲海龜下潛的形狀像個倒下的 C 字而得名，因爲有時很難確定這種潛水的目的，頻率也不高，因此有的學者不考慮這種潛水類型。

（6）others 型：爲兩種以上潛水類型的混合體。

（7）淺層（shallow）型：下潛深度不超過 5 公尺的類型，很像人在水面上游泳一樣。

在洄游途中，海龜會依需要，搭配游泳方式做出不同的組合。像在望安島及蘭嶼島上，各有一頭母龜，在開始進行兩島的生殖生態研究時就記錄到牠們，之後發現在望安島上，第一年所紀錄到的母龜，每隔 2 到 3 年就會回到固定的位置產卵。而在蘭嶼島上，第一年所紀錄到的母龜，會每隔 4 到 5 年就回到同一沙灘上產卵。

讓我們好奇的是，這兩頭母龜是用何種方式，到哪裡去覓食，才能夠活的這麼久？爲了解答這個問題，我們分別在這兩頭母龜背甲上，黏著了具有分析潛水行爲的人造衛星發報器，結果發現在望安島的產卵母龜，於產卵期間主要以 U 型潛水方式，在產卵地附近進行休息兼覓食，以補充體力。而在產後洄游期間，牠會以超過一般綠蠵龜泳速的兩倍，且省力的 S 型潛水之方式，快速地通過捕食壓力較大的公海，早日到達覓食海域 ── 東沙環礁。而在蘭嶼島的產卵母龜，於產卵期間主要在中性浮力的水層中休息（約 19 米深），於產後洄游期間，牠雖然游的不快，但多以不露出水面的 V 型及 shallow 型潛水方式前進，且在途中會於沿近海通過，可能是進行覓食以補充體力，最後也到達覓食海域，到了這個海域後，牠會改用 U 型及 shallow 型潛水在近海淺水中覓食及休息。

由於望安產卵母龜的覓食海域是東沙國家公園，而蘭嶼產卵母龜的覓食海域 ── 菲律賓南部的布拉拉考島是著名的國際潛水海域，這兩地區均有若干保護措施，因此母龜只要早日脫離捕殺的壓力，存活的機率便大大增加。所以，海龜會隨著環境壓力的不同，適當的調整其洄游行爲（即生存策略），以達其最大的適存度。

其他相關技術

在海龜的大洋洄游研究上，人們試著利用地理資訊系統（Geographic Information System； GIS），將海龜的洄游路徑疊在其他的海況資料，如洋流圖、水溫及葉綠素分布圖等之上，來解釋海龜爲何會以這種路徑洄游，有的會將海龜在產卵或是覓食海域的分布位置，利用這個技術找出 50% 及 90% 的分布範圍，以確定牠主要的活動區。這個技術最重要的是，它是以圖像的方式將海龜在產卵、覓食海域及洄游途中，有聚集地區的大小範圍表示出來。因爲地理資訊系統能將各種條件，用疊圖的方式呈現，所以海龜的活動範圍，就能和人類的活動範圍，如漁業、光害、海上遊憩等之重疊程度，表現出來。這對海龜保育決策及保護區的劃設是很重要的，因爲我們可以用視覺的方式決定海龜受人類威脅的程度。近年來，這個系統和統計分析做了適當的結合，讓我們得以用量化的方式，決定海龜的活動範圍是否有季節性的變化，及確定保育決策的正確性。

此外，近年來一種能在極短時間內（不到 0.2 秒）就完成衛星定位的快速 GPS- 衛星發報器問世，因能大幅提升動物所在位置的精確度（誤差範圍從 350 公尺降到 30 公尺之內），這個儀器的未來發展是不可限量的，但因價格昂貴，目前應用情形並不廣泛。

自從一種叫做溫深儀（temperature-depth recorder：TDR）應用於海龜的研究後，便引起學者的注意，這個儀器可記錄光度及溫度，還可以利用水壓換算成當時的水深，因此可用來研究海龜的潛水行爲，但因它沒有無線傳輸的功能，所以須回收儀器才能下載所記錄的資料，因此多用於母龜產卵期間短距離及短時間如產卵期間的潛水研究。

人們會很好奇，在公海上野放混獲的海龜後，其存活機率有多大，因此發展出一種叫 pop-up 的人造衛星發報器，它的原理是將發報器用特殊材質的線連結到海龜背甲上，在海龜下潛到一定深度，這個線會因壓力過大而斷裂，發報器便會浮上水面，將所有的水深等資料，經由天線一次傳輸到衛星上。由於海龜在死亡後會沉到海底，因此這種發報器浮上來時，便可得知海龜死亡的位置。由這個技術，學者估算出混獲野放後的海龜，約有四成的死亡率。有趣的是，這種發報器也應用在追蹤幾乎不浮上水面的大型魚類，如鯨鯊的研究上。

另一種水下錄影機叫做「Crittercam」，它是由國家地理頻道資助開發的。原理很簡單，就是將水下攝影機裝在抗壓箱中，再固定於海龜的背甲上，並將攝影機的鏡頭方向與海龜頭部一致，這樣便可「看到」海龜的潛水行爲。若將這個儀器配上溫深儀，便可完全了解海龜的潛水行爲，而不必推測海龜在那個深度中做了什麼。這個「發明」固然很吸引人，但因昂貴且無法利用無線的方式來傳送資料，所以必須回收儀器，以免當海龜載著攝影機離去後會「血本無歸」。近年來，一種由 Go Pro 公司所發展出的極限運動攝影機，因其輕巧、體積不大、具有錄影功能，價格又便宜，因此廣泛被用在海龜的水下行爲及其他水下科技的研究上，它和一般照相機一樣，可以加掛許多附件，如閃光燈，所以它將會取代「Crittercam」，成爲新的海龜水下行爲研究「利器」。

海龜洄游行爲的全貌——三度空間表示法

近年來，人們開始將壓力計裝在人造衛星發報器上，這些儀器不但能提供海龜目前的位置，更可得知牠當時的潛水行爲，因爲不必回收儀器，所以對研究海龜在大洋中去哪裡及做了些什麼，都有極大的幫助。像是近年來一個加拿大公司發展出能量化潛水資料的人造衛星發報儀，這些資料加上前述的潛水類型及海龜的位置，便能確定牠在不同海域中的洄游行爲是否會不一樣。若這個具有三度空間分析能力的儀器，能配上海龜所在位置及時間的海況資料，如水深、洋流等資訊，便能以圖形及統計方式，解釋海龜爲何採用某些特別的洄游行爲。這不但對海龜的行爲研究有很重大的幫助，而且對海龜保育而言，若我們能了解牠在公海中的位置及相關潛水行爲，就能了解到牠有多大的機率，會因和公海漁業之網具的作業水深相重疊，而容易遭到混獲受傷或是死亡。這對公海海龜保育政策的制定，有非常重要的意義。

由於資訊科技的快速成長，人們在追蹤海龜及其他動物行蹤的技術上，在最近的十年內有了長足的發展。儀器是愈做愈小，功能卻愈來愈強，加上處理大量資料（所謂的大數據）的軟體日益進步，且具有繪圖及結合地理資訊系統及各種相關海況資訊的功能，這使得這些儀器好像是一本日記一樣，忠實的記錄動物每隔一段時間內的行爲，所以又被稱爲「biologger」。由於這類儀器可以十分輕小，所以能應用在各種「背」得起之動物行爲研究上；從鯨魚到水母都可以，因此有所謂的「天上飛的，海裡游的，甚至是洞裡鑽的」動物都可以進行研究。這個技術的應用，將會對動物行爲生態學做一個全新的詮釋，其發展也將無可限量。

台灣及太平島綠蠵龜的海上行蹤

由過去的研究結果顯示，從 1994 年起人造衛星追蹤及上標回報的資料顯示，在澎湖縣望安島產卵的母龜，產完卵之後會游到中國大陸東側陸棚上有海草及珊瑚礁的近海去覓食，這些地方包括日本九州南部的小島、台灣的淡水外海、海南島的西側、香港、台灣的竹南、琉球群島的沖繩及宮古島、東沙環礁、廣東及福建省的沿海像是紅海灣、昆平島、雷州半島東岸、菲律賓的巴拉望島及菲律賓的呂宋島北部等地。這些結果顯示，在望安產卵的綠蠵龜是屬於地區性分布的族群，所以要有效的保護這個族群，就要這個地區的國家如中國大陸、日本、美國、菲律賓等共同參與保護活動，才能達到目的。此外，由 1997 ～ 2016 年的人造衛星追蹤資料顯示，在蘭嶼產卵綠蠵龜，其產後的覓食棲地主要是南琉球群島的宮古、西表等島的近海及菲律賓南部的布拉拉考島之近海。從 1999 ～ 2002 的人造衛星追蹤之資料顯示，在南沙群島之太平島產卵的綠蠵龜，其產後的覓食棲地包括菲律賓的巴拉望島及呂宋島的東岸，及東馬來西亞婆羅乃州的北岸及面臨舒綠海（Solo Sea）的西岸。由於一些在馬來西亞其他沙灘產卵的綠蠵龜也會游到這些近海覓食，因此很有可能這些海域都是重要的綠蠵龜棲地，也將是我們進行南中國海之海龜保育的重點地區。

戴著發報器，返回大海的母龜（望安島）。

戴著發報器，返回大海的母龜（蘭嶼島）。

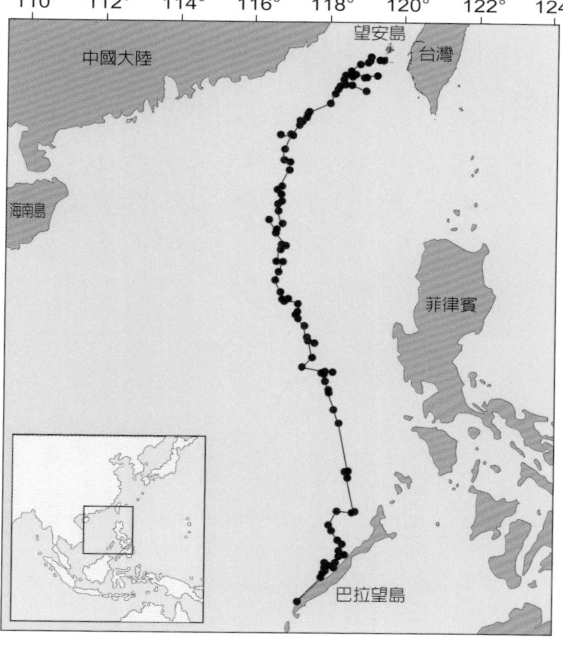

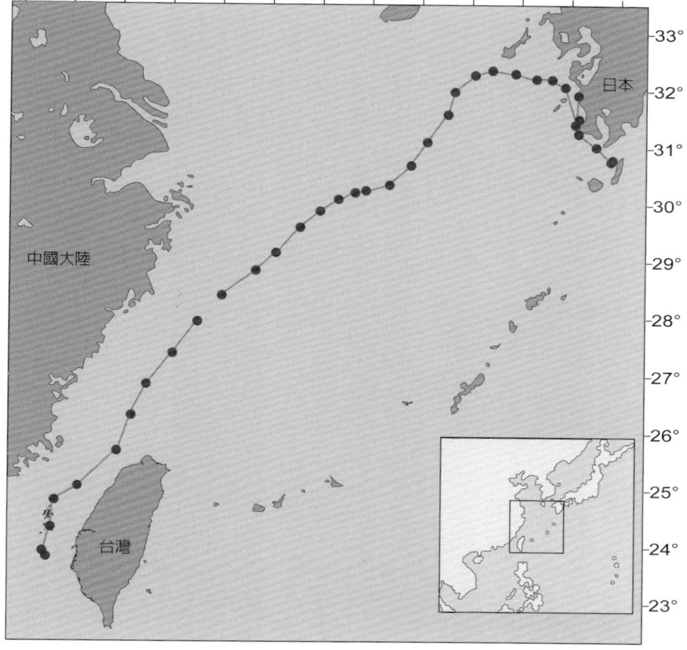

望安島產卵母龜的產後洄游路徑。（圖片由 seaturtle.org 的 Maptool 程式繪製）

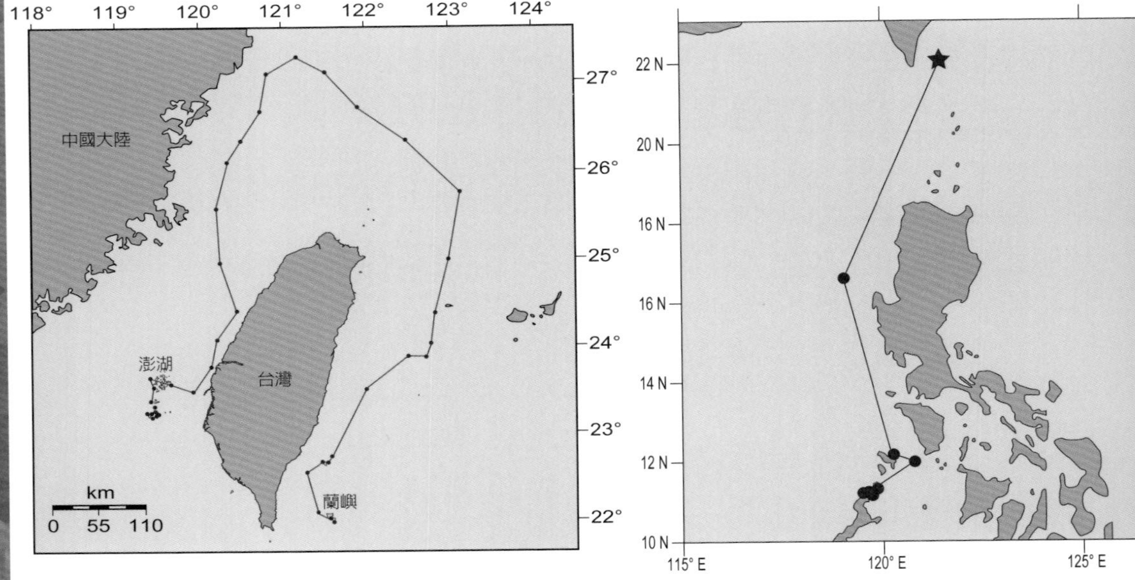

蘭嶼島產卵母龜的產後洄游路徑。

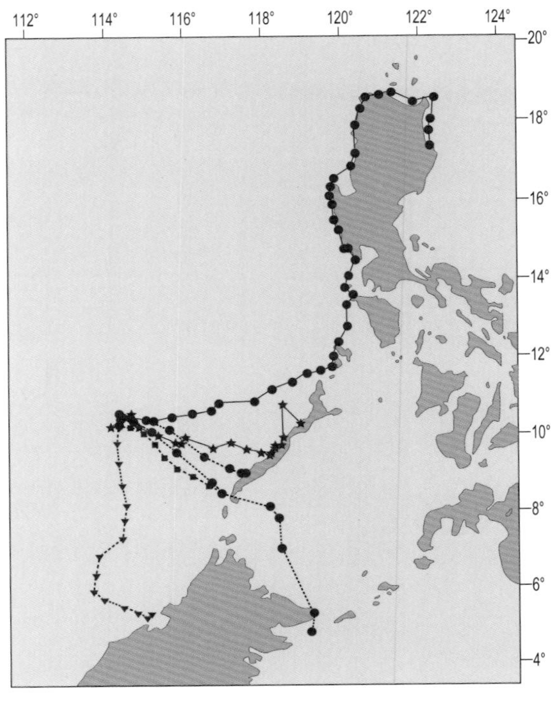

太平島產卵母龜的產卵洄游路徑。（圖片由 seaturtle.org 的 Maptool 程式繪製）

後記

海龜從2.5億年以前的侏儸紀就存在這個地球上，一直到今天，牠們仍然縱橫在熱帶到溫帶甚至是寒帶的海域中。雖然一些研究顯示，一些海況如表層洋流或是渦流（eddy）會暫時影響牠們的洄游方向及速度，但牠仍然會到達所要去的地方。因此，海龜就像是一個古老的航海家一樣，身上沒有最先進的航海儀器，也不會像交通輪一樣的定時在兩處來回往返，游泳的距離又大多非常的遠，然而牠們卻能憑藉著過去的記憶，準確的到達出生地附近或是覓食區的海域等。這個生理構造簡單，腦袋又不大的海洋爬蟲類動物如何在長時期的演化中辦到，仍然是一個未解之謎。

CHAPTER

4

海龜的生存危機

本章敘述海龜一生中所面臨的天敵，其族群遭到人為的威脅方式：包括捕殺及混獲，各種棲地破壞的威脅，海洋廢棄物及全球暖化所帶來的問題。

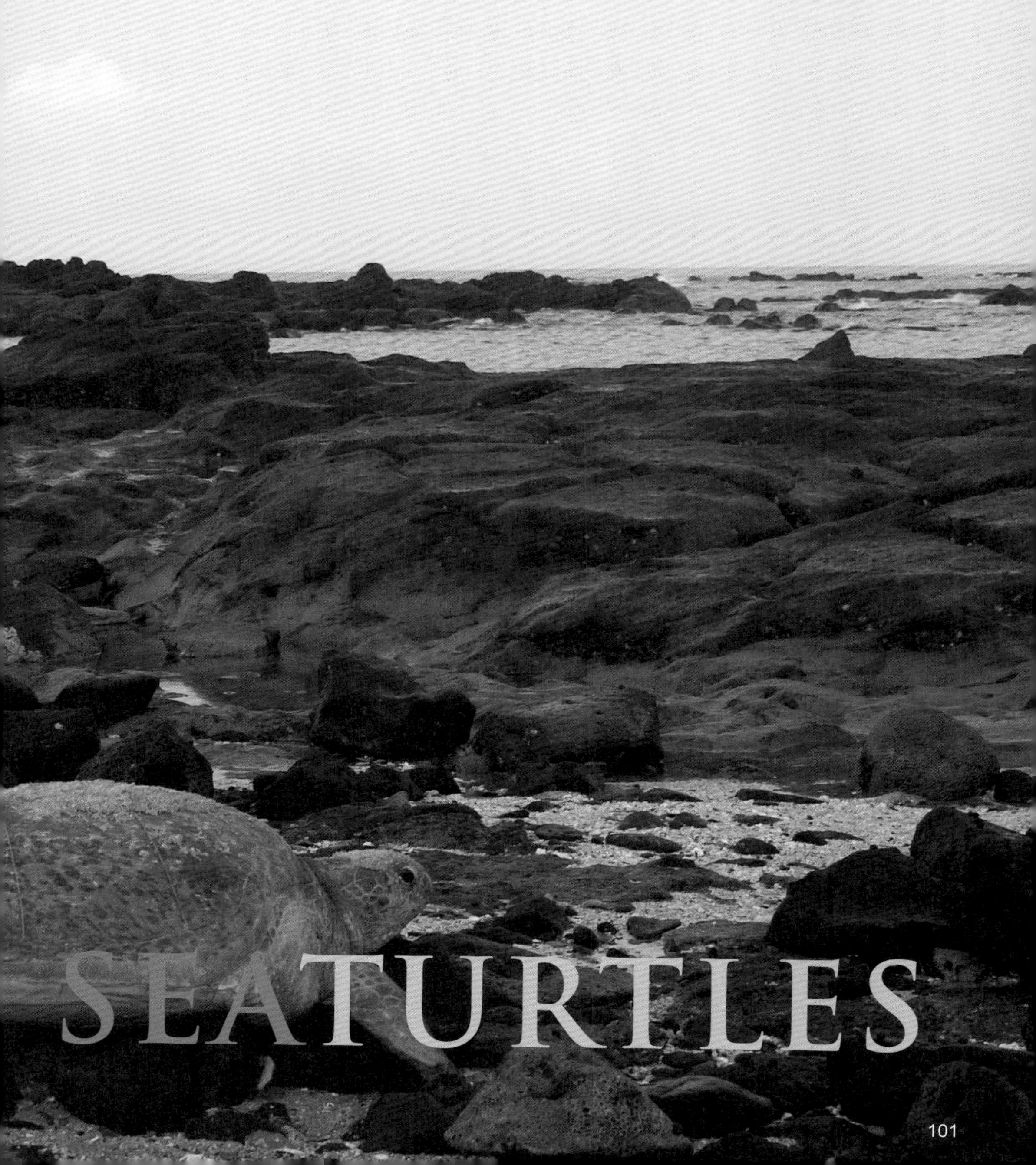

SEATURTLES

海龜的天敵

小海龜在出生後返回大海的途中，會遭遇到許多天敵的攻擊；在沙灘上活動的動物，如沙蟹、蛇、浣熊、紅狐狸、猛禽、螞蟻甚至是附近村莊所飼養的家畜等，都會攻擊正在爬向大海的小海龜。近年來研究顯示，臭青公蛇會盤據在卵窩附近，等到小海龜爬出洞後就一口將牠吞入肚中，而另一種在沙灘出沒的赤背松柏根（蛇），則會鑽進卵窩中，將龜卵咬個洞，再將蛋汁吸個乾淨，有時還會攻擊正在爬上沙灘的小海龜。根據研究，赤背松柏根會挖洞是學習而來的，至於牠如何判斷卵窩的所在位置，到目前尚無定論，不過由觀察發現，即使我們將所有的龜卵都移開，牠仍然會試著鑽進母龜挖掘過的空卵窩，而對另覓地點用人工方式埋下龜卵的窩，卻毫無反應，直到小海龜孵化爬出地面後，才會設法鑽進這個新窩找尋食物。因此，母龜產卵時所排出的體液及稚龜的氣味，可能是吸引蛇進行覓食的誘因。

除了陸地上的天敵外，在海裡更有許許多多的肉食性魚類如鯊魚、旗魚等在附近徘徊，等待美味的龜寶寶下海。由於小海龜沒有任何防禦能力、殼子又薄、跑得又慢，所以牠們會在夜晚當大部分天敵都在休息時下海。儘管如此，小海龜的死亡率仍然很高，據估計，每一千隻小海龜中，只有一隻能長大成熟！

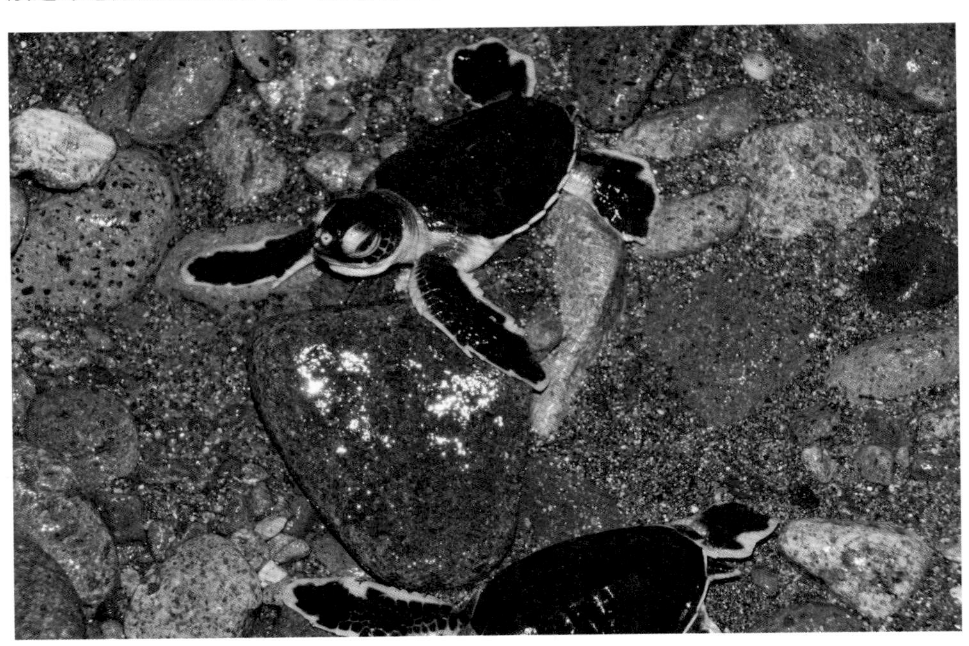

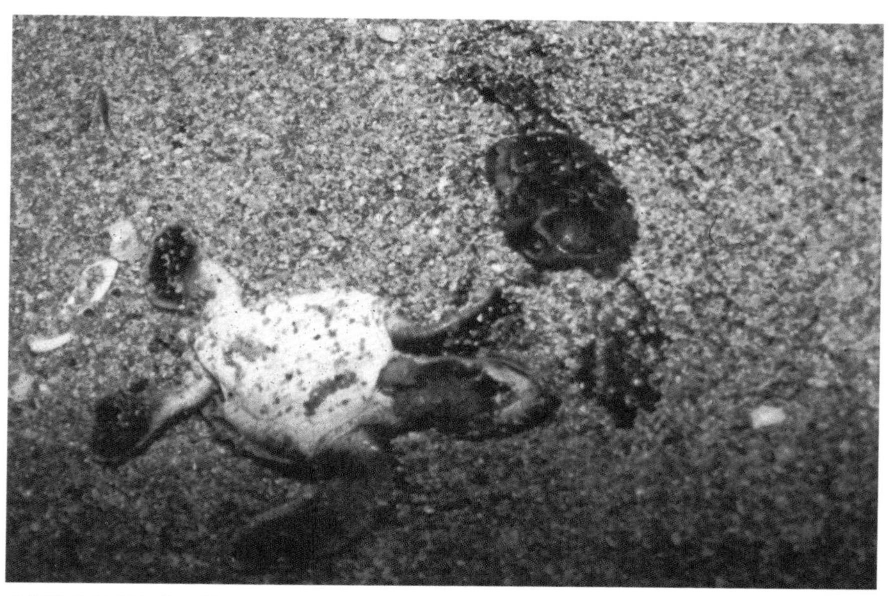
小海龜在沙灘上的天敵 — 沙蟹及幽靈蟹

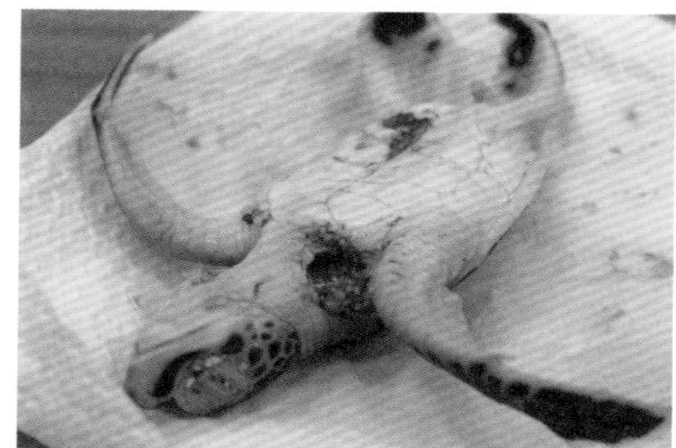
被蛇攻擊後而死亡的小海龜

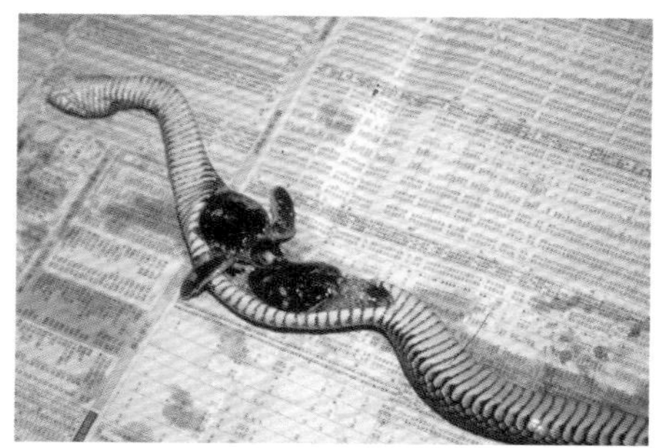
小海龜的另一天敵 — 臭青母

在望安島，由於保護區的設立，人為挖掘龜卵已不復見。在沙灘上，除了沙蟹及蛇外，很少見到其他動物攻擊小海龜的情形。附近雖有海鳥保護區（即貓嶼）的存在，但卻未曾看過海鳥攻擊小海龜。這些陸上的天敵，其捕食小海龜的比例並不高，反而在近海徘徊的肉食性魚種，才是在台灣出生的小海龜之最大天敵！

海龜其他的生存危機主要來自人類，又可分成直接捕殺及棲地破壞兩大類。

直接的捕殺

因爲海龜在海上的活動範圍十分遼闊，常與人類的活動範圍重疊，加上海龜有實際的經濟價值，像是牠的肉可食用、骨骼可做藥材、背及腹甲可製成裝飾品等，使牠常常遭到人類的捕殺。我們可以將海龜的死亡分成人爲的捕殺及漁具的混獲兩大類。

人為的捕殺

海龜因能滿足人類的口腹之慾，且能帶給人們財富，因此牠會遭到捕殺。事實上，早在有文字記載之前人類就開始捕殺海龜，這是因爲海龜會和其他的魚類一樣遭到漁民捕撈，而且牠的肉很多。沙灘中的龜卵也是另一種蛋白質來源，因此對漁民來說，海龜是上蒼賜與的食物；魚能吃，海龜自然也能吃！然而，一些重要的經濟性魚類不會因漁民的捕殺而大量減少，但海龜就會因此而瀕臨絕種。

這種差異是因爲不同的物種其族群的增加速度與死亡速度各有不同，族群會因出生或是有新的個體加入而增加，會因個體的死亡（包括自然死亡、病死、被捕殺等）或遷出而減少，當增加的個體數比死掉的個體數多時，這種生物就可以開發利用，因爲牠產生後代的速度會比你吃掉及死亡的速度來得快。

反過來說，若是產生後代趕不上死亡的速度，那族群就要面臨滅絕的命運。海龜即屬於後者，牠的生長速度很慢，野外的族群要花上數十年才會成熟，每頭母龜每季最多產不到一千顆卵，加上母龜不會每年都回到出生地去產卵，因此子代加入族群的速度，自然無法和每次可產下 50 萬顆卵，出生後短短幾年就會成熟的鮪魚相比。在這種情形下，如果漁民像抓鮪魚一樣的捕捉海龜，那海龜所產生後代的速度，自然遠遠趕不上捕殺的速度，加上龜卵也會遭到人類的捕食，在死亡及棲地破壞的雙重壓力下，海龜族群數量自然在短短的一、兩百年間，就減少到幾乎完全從這個地球上消失的地步！

遭漁民宰殺的海龜

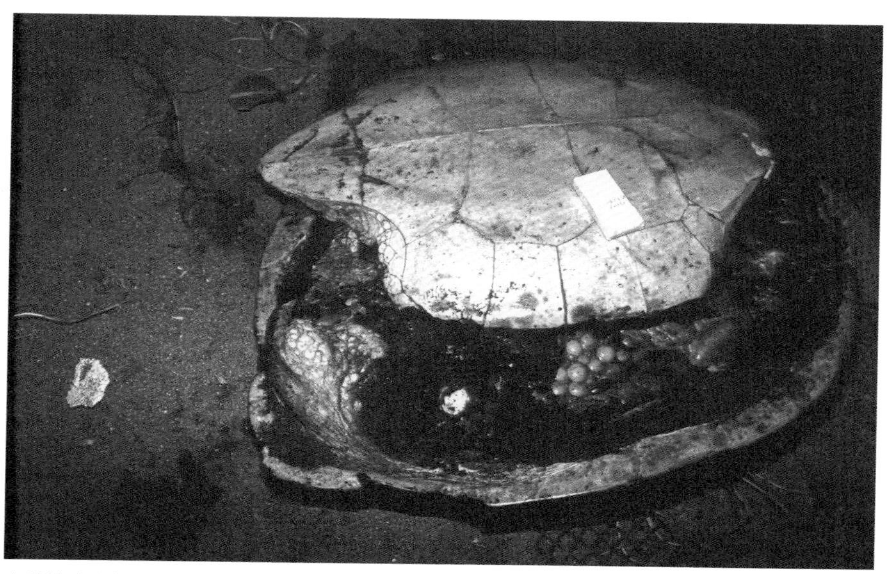

在蘭嶼島上被捕殺的產卵母龜

在各種海龜利用的文獻中，以中國人的記載最爲詳盡，這是因爲中國人對萬物的利用，不論是吃、製藥或是做其他用途，均有深入研究。一般而言，海龜的利用方式可分成食用、製作裝飾品、製藥、文字記載及宗教放生等五種方式，前兩種方式在全球各處都會發生，而其他的方式則僅出現在中國。

海龜因體型大且肉質多，因此許多漁民會捕殺牠，其龜卵也是動物性蛋白質的來源。英國從 19 世紀末期以來，便會將綠蠵龜的肉製成「海龜湯」出售牟利。對中國人而言，並非所有的海龜都可吃。在台灣附近出現的五種海龜，綠蠵龜、赤蠵龜、玳瑁、革龜及欖蠵龜中，革龜的肉是不好吃的；玳瑁則因肉中含有可能會致人於死的劇毒，導致被吃的數量並不多；欖蠵龜及赤蠵龜則因有傳說，漁民吃了牠之後不是抓不到魚就是會遭到祝融之災，所以只能用來放生，是不能吃的；至於綠蠵龜則可食用，因此有人稱牠爲「菜龜」。

根據筆者在二十幾年前一次東海岸的產卵地調查中，從當地居民口中得知，台灣東海岸原來幾乎所有的沙灘均有海龜上岸產卵，但在民國 68 年間，可能是日本人大量收購的原因，台灣西南部的漁民都來此抓海龜，在短短八個月中，將東海岸的海龜幾乎全都抓光。雖然我們都知道，東海岸的過度開發是造成海龜產卵棲地消失的主因之一，但不可否認的是，漁民的捕殺應是另一主因。

龜卵對許多人而言，是一種動物性的蛋白質來源，但人們吃龜卵的最主要理由卻是「壯陽」；有的烤煮來吃，有的則是泡在酒中而食，一些開發中的國家如馬來西亞，甚至在官方宴席上提供龜卵的餐點！在台灣，除了極少數的例子是窮到挖龜卵充飢外，大部分的理由是好奇。

在南沙群島的太平島上，曾發生過駐地的陸戰隊弟兄，將龜卵泡在高粱酒中製成當地的「名產」——龜蛋酒，不過在海龜主要的產卵地——澎湖縣的望安島因當地漁民篤信媽祖，認爲海龜是海神，吃龜是不敬的行爲，所以大多數居民都不會挖掘龜卵而食，但他們會因過度好奇而「試吃」，據說因爲龜卵在煮熟之後，不但腥味很重，其卵黃會固化而卵白不會，因此覺得「吃起來怪怪的」，不過有人認爲龜卵形狀像乒乓球而把玩，之後隨便丟棄，也造成另一種的破壞。

挖龜卵對海龜族群的影響是十分長遠的，和捕食海龜不同之處在於，殺海龜會直接減少海龜的數量，而挖走龜卵則不會，但若是所有的龜卵都被挖走，將不會有下一代的成龜產生。在這種情形下，即使居民不殺海龜，這裡的海龜族群也會在母龜逐年老去死亡，又沒有

下一代補充的情形下，走上滅絕的道路。在澎湖縣的望安島上，雖然吃海龜的人很少，但挖龜卵的人卻不在少數，甚至常常發生整季的龜卵都被挖走的情形。這種破壞行爲，相信是造成開始保育數年後，上岸母龜數量銳減的主因之一；原因無他，在下海小龜數量大量減少下，能長大成熟的數量自然就會減少。

除了肉及卵可食用外，海龜豐厚的皮下脂肪還可以作肥皀、油、香水等物質，皮可製成皮包或靴子，龜殼可製成標本、吉祥物、信物、家具擺飾的裝飾品，像是筆筒等；玳瑁雖然含劇毒而被吃掉的並不多，但其多彩的背甲卻具有商業價值，人們利用牠的背甲製成眼鏡框、珠寶（如戒指）、梳子及樂器的外殼等。根據官方紀錄，目前亞洲最大的海龜輸入國是中國及日本，每頭完整的綠蠵龜可賣到美金 600 元，玳瑁 800 元，若加上各種附加價值，那每頭可賣到一千美金，而且在中國，需求量還在持續增加當中。

利用海龜來製中藥已有悠久歷史，早在《本草綱目》上就有詳細的記載海龜肉、皮甲的製藥方法及治療的病症，其他的醫療專書，如《食醫寶經》、《挹爽食譜》等，亦有詳細記載。一般而言，龜肉、龜殼（主要是腹甲部分）、肝、胃、膽及卵等均可製成藥品，可治療敗血症、胃出血、肺病、氣喘、肝硬化、健忘症、風濕及解毒等症狀，或是用來作爲強身提神等用途。

然而，要找出海龜因人類捕殺而瀕危的證據卻不容易，這是因爲海龜的壽命長，又不會每年都回到出生地域去繁衍下一代，因此每年產卵族群的變化很大；有時會超過 300%，所以需進行長期的生態調查，才能確定變化的趨勢，及找出可能造成改變的原因。到底要多長才能算是長期？一般而言至少 15 年以上，當然是越長越好，像是英國爲了瞭解英吉利海峽中浮游動物組成的長年變化，他們在渡輪底裝置了像是蒼蠅紙的滾筒收集器，進行了超過 200 年的資料收集，後人利用這筆資料，來了解全球氣候變遷對海洋環境的影響！

在台灣，由於琉球嶼的產卵生態調查只進行了 5 年，而其他兩個島的產卵生態調查已經超過 20 年，因此我們得以比較兩個產卵地的環境、母龜的產卵行爲、龜卵孵化情形及稚龜的形質等資料，再佐以長年來人造衛星追蹤的數據後發現，望安島的產卵母龜在 1997 年的 19 頭最高峰之後，便逐年下跌，到了 2015 年僅有兩頭母龜會上岸產卵！而蘭嶼島的產卵母龜數量則上上下下的，沒有一個規律性的變化趨勢，而且每隔 5 ～ 7 年就會有一個產卵高峰期，而且近 5、6 年來，產卵母龜的數量都在 10 頭以上，2016 年還達到 24 頭產卵母龜的創新高紀錄！未來可能有增加到超過 30 頭以上產卵的紀錄。同樣是綠蠵龜，兩島的直線距離還不到 150 公里，命運卻大不相同，其原因何在？

海龜因爲只有在產卵季才會上岸產卵，其他時間都在海上度過，因此會造成產卵族群的變動，除了自然性的年度變化外，就是與人類的活動有關。一般而言，若沒有人爲捕殺，海龜族群可以在數十年內增加到棲地能養活的最大數量（也就是最大容許量：carrying capacity），但若有人捕殺，牠的數量就會減少，若是海龜在海上及陸上的棲地都有人進行捕殺，那數量就會大量減少，甚至在短期內面臨滅絕的壓力。若是捕食壓力太大，儘管其他方面非常努力的去保護牠，仍將難以彌補被捕殺的損失，而使產卵族群走上滅絕道路！

澎湖縣的望安島早在 1995 年就劃設爲產卵保護區，之後每年的產卵季都有研究人員進駐，縣政府對保護區的進出也有嚴格規定，更有巡護員確定遊客不得任意進出產卵沙灘。而蘭嶼島的產卵沙灘，因沒有劃設爲保護區，人爲的干擾，包括遊客及光害相當嚴重。然而，有人爲保護的沙灘，產卵母龜的數量愈來愈少，而沒有保護的沙灘，海龜卻越來越多！這問題到底出在哪裡？進一步做分析後發現，望安產卵母龜中的新加入族群龜比例在 19 年中只有 44%，而近 5 年中減少到 15%。而蘭嶼產卵的母龜中，每年卻有高達三分之二是剛加入的新龜，而人造衛星追蹤研究發現，幾乎所有在望安產卵的母龜，在通過海峽中線後，會進入大陸的近海漁場，發報器常常會無故中斷信號的傳遞，顯示已遭到漁民捕殺。而在蘭嶼方面，所有的發報器幾乎都能用到沒電力爲止。

進一步視察發現，蘭嶼產卵母龜於產後多會順著沒有漁業活動的黑潮北行，而其覓食海域多爲南琉球群島的西表、宮古的近海，或是菲律賓南部靠近巴拉望群島的布拉拉考島（Bulalacao Island）南部的近海海域，這些海域不是已經劃設爲海洋公園（marine park），就是國際上重要的潛點，這些海域少有漁業行爲。加上蘭嶼島上的人爲干擾雖大，但因原住民——達悟人相信海龜在他們墳場附近活動，所以是惡靈的代表，碰觸牠們會將惡靈帶回家，所以除了過去釣客偶爾會殺海龜外，是沒有捕殺行爲。在這種數量增加的情形下，我們發現若干海龜出現適應環境的行爲；像是在路燈下產卵等。而望安島的產卵沙灘，雖然有完善的保護措施，但因少有新龜加入，舊龜又遭到捕殺，在這種情形下，產卵母龜的數量自然會逐年減少到面臨滅種的威脅！而蘭嶼島的產卵母龜，反而成爲台灣重要的綠蠵龜之「種原庫」。

漁具的意外捕獲（或混獲）

意外捕獲（by-catch）是漁業上一種無法避免的行爲，由於網具對同一種生活習性的物種，無法做出選擇性的捕撈。因此，任何一種網具都會抓到若干不是預定要捕撈的漁獲物，這種不是原定要抓的物種統稱爲「意外捕獲」或是「混獲」。混獲，會改變非漁獲物種的生態環境，因而對海洋生物資源有著負面影響，尤其對一些瀕臨絕種或是受到威脅的物種如海龜等而言，若牠遭到意外捕獲，即使在漁民好心立即野放的情形下，亦有可能在網具的長期拖曳、圍困或是鐵鉤刺穿的拖曳下，造成受傷、過度驚嚇、窒息、生理機能失調等生存問題，嚴重情形下，會發生休克甚至死亡。根據研究顯示，近四成的海龜會因意外捕獲而死亡！

雖然所有的網具都會混獲，但對海龜影響最大的是流刺網、定置網及拖網（尤其是蝦拖網）等。這些被意外捕獲的海龜，大部分的命運都很悲慘，據所知，馬來西亞的漁民雖然不吃海龜，但會將卡在網目中之革龜的頭砍下，以節省整理網具的時間。在台灣，幾十年前意外捕獲的海龜，部分會被賣到廟裡作爲宗教放生之用，其餘的則會被殺來販售，或是賣到藝品店做成標本出售圖利。

遭到船槳割傷背甲而死亡的海龜

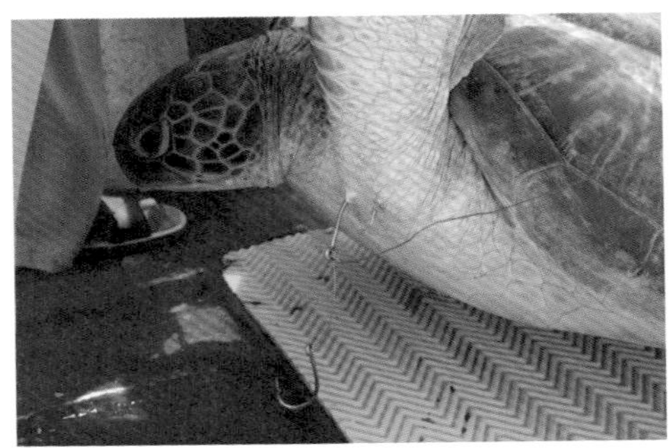

綠蠵龜慘遭魚鉤刺穿身體

遭拋棄的漁網纏繞而溺斃的海龜

遭混獲而死亡的海龜，被綁在一起而沖上岸。

一般而言，船東若是對海龜沒有興趣的話，就會將意外捕獲的海龜犒賞給漁民當成他們的福利，以滿足口腹之欲。由於沿近海地區多爲海龜的成長及繁殖棲地，而這些海域也是人類活動最頻繁的地區，因此在附近活動的近海漁業，也常會意外捕獲海龜。這些被意外捕獲的海龜不是遭到漁民捕殺，就是遭到拖曳、受傷等傷害。另外，一些網具在作業過程中會斷裂而漂流出去，這些網具不會因沒有主人而停止捕魚，因此又稱爲「幽靈網具」。當海龜或是大型魚種被這種無主的網具「漁獲」時，網具會因動物不斷地掙扎而不斷纏繞。最後，動物會因全身被網具包的緊緊，而淹死或是窒息而死並被沖上岸！這些人類的行爲，也會造成海龜族群的大量減少。

像是幾十年前，在美國東南省份如南卡羅南納及喬治亞州等地，當近海蝦拖網季節時，在附近活動的肯氏龜就會大量的死亡並沖上岸，而當海巡署強力執行海洋保育任務時，海龜屍體沖上岸的數量就會減少，這證明了近海的漁業活動的確會對海龜族群造成負面影響。而這個問題的有效解方法是，在網具上加裝「海龜脫逃器；TEDS — turtle exclude devices」，及強而有力的海洋保育之執法。

海龜及其他動物的放生行爲，基本上是儒道悲天憫人想法的延伸。一般人相信，放生是一種做功德的行爲，可積陰德，也可淨化心靈。而且海龜是一種長壽及幸運的表徵，因此海龜放生的祭典，常與宗教祈福儀式同時舉行。在過去，放生的人會先將自己的姓名刻在龜的背甲上，再進行法事、祭拜神佛，以求其保佑海龜之生命安全，最後放生回大海中。最近，有人發現在中國大陸的一頭放生龜之後肢上，釘滿刻字的鐵片，弄得海龜後肢部分遍體麟傷！也發現在台灣放生的海龜，因其背甲上刻有放生者的姓名及日期，在一個多月後，於日本的小笠原群島被發現，而推算出其洄游的速率之趣聞。

放生立意雖好，但因一方面爲買賣的行爲，實屬違反「野生動物保育法」，另一方面也涉及虐待動物行爲。這是因爲漁民會將意外捕獲的海龜賣給魚市場的中盤商，對他們而言，一方面沒有殺生，另一方面，活海龜的價錢又比魚好；據瞭解，小的海龜可賣到一千多台幣，而大的則可賣到一萬多元台幣，因此是一件賺錢的好事。然而，中盤商往往會將漁民賣出的海龜集中在幾只大的橘色塑膠桶中，一直要等到足量的海龜後，才會整批賣給寺廟。在收購期間，不論多久都不會換水也不會餵海龜任何食物。這批海龜進入寺廟後，部分會被終生飼養，其餘的則會被暫時飼養在池中，供信徒們挑選，在這段期間，當然也不會換水及僅給予少量的食物。最後，在所有的海龜都有人購買以後，才敲鑼打鼓的推到海邊去放生。海龜雖然到最後還是回到了大海，但從被捕上岸到釋放期間，往往會長達半年以上的時間，遭受到不人道的方式處理或是生活在惡劣的飼養環境下，因此在放生時，多已瀕臨死亡階段！

宗教放生是一種「放生即是放死」的不當行為。（曾石南 提供）

部分被賣到寺廟放生的海龜，原意是交給神明照顧。但廟方多無飼養經驗，加上住持時常更換負責人選，因此海龜的飼養方式多爲道聽塗說，加上一般廟宇都不大，飼養的海龜又太多，每日餵食的量與次數均不足，因此飼養的海龜多發生互相殘食行爲，若是換水頻率不夠多，日照不足，各種海龜疾病就會發生，結局必然是大量的海龜死亡，廟方勢必要買進更多的海龜來補充不足之量，這只會造成更多的海龜送命！我們曾爲澎湖縣西嶼鄉大義宮所飼養的海龜進行上標註記，當時發現海龜感染的情形十分嚴重，許多海龜部分的鰭狀肢也出現被咬掉情形，當時水池非常的髒，連筆者的腳部都因下池工作而受到感染，且在標記後一個月內，就發生了數頭嚴重感染之海龜的死亡情形，據說檢察官還將該廟宇的住持依野生動物保育法提起公訴，也造成大義宮後來改善飼養環境的決定。然而在長期觀察下發現，這些收養在地下池的海龜，不但因不見天日而背甲退色泛白，缺乏維他命 D，有的因缺乏磨背的岩石，所以背甲變得很厚，無法辨識種類！而且大義宮地下室爲許願池，許多人都往裡面投幣，造成海龜血液中的鎳及鉛含量偏高，形成另一種污染！這是另一種「放生等於放死」的行爲，不但不能達到保護目的，而且在金錢交易的誘因下，問題只會變的更爲嚴重。

欖蠵龜

在過去，產卵棲地的保育一直是保育工作的重點。然而最近的一些研究卻顯示，儘管沙灘的保育工作做的再好，一些重要產卵棲地，如日本的赤蠵龜產卵母龜的數量，卻在不斷減少之中。由於海龜一生中 95% 以上的時間都在海上度過，因此這個問題顯示，海龜必然在海中遭到不測。在沒有任何合法的商業捕殺海龜行爲及亞成龜以上死亡率極低之情形下，海龜在公海上的混獲，就成了最主要的死亡原因。

這個問題在 90 年代後日益受到重視，在族群數值模式的計算下發現，在沒有人爲的捕殺壓力下，海龜的死亡大多集中於 0 ～ 1 歲之間的天敵捕食。然而，在有人爲死亡的壓力下，海龜族群最敏感的時期則變成了亞成龜階段。此外，根據分子生物學及人造衛星追蹤研究得知，產卵母龜在海上的覓食場所及洄游路徑與公海漁場有相當程度之重疊。由此可見，公海漁業活動的確對海龜的生存造成相當威脅。根據近年的一份研究報告得知，在 2000 年間，全球就有 20 萬頭赤蠵龜及 5 萬頭革龜被公海延繩釣意外捕獲，這還不包括其他五種海龜、不同的漁具漁法以及各項近海漁業的意外捕獲數量。

綠蠵龜

棲地破壞

海龜的棲地會遭到破壞主要是因為牠與人類的活動範圍重疊性太高，在人類為了滿足自身需求而不斷地開發下，海龜的棲地變得愈不適合居住或消失，最後不是被迫遷往更差的地區，就是因活不下去而遭到滅絕。而棲地的破壞包括陸上與海上棲地的破壞兩部分。

陸上棲地破壞

一般而言，海龜的陸上棲地是指沙灘，也就是母龜上岸產卵、龜卵孵化及稚龜下海的地區。然而，沙灘也是人類最重要的休閒活動地區之一，一般人會利用沙灘及附近的海域進行戲水如游泳、駕駛水上動力船舶像是水上摩托車，或是非動力船如香蕉船等、在沙灘上做日光浴、進行各項球類活動、在沙灘上駕駛四輪傳動的車子如越野吉普車等、在沙灘上烤肉或是夜間生營火、踏越沙丘及相關的休閒活動等。業者也會因設法滿足遊客需求，及開發利用沙灘附近的地區而建起公寓、住宅及旅社等房舍，自然一些相關建設如有路燈設備的道路、停車場、沙灘步道、涼亭、戶外的衛浴設備、通往沙灘的步道、浮動碼頭等都會出現。為了讓遊客能更容易到達沙灘，或者說是更便民，這些人造建築物都會對沙灘生態造成不同程度的破壞，如為了建步道而鏟掉沙灘後的沙丘、樹林，沒有下水道處理系統的衛浴設備會將污水直接排放到沙灘上，過多的照明設備會產生光污染，附近的浮動碼頭會帶來永無休止的漏油、重金屬及其他有毒物質如防藻劑等的污染，倘若附近還有機場的建設，將不只會產生光害，而且還會產生嚴重的噪音污染。

產卵沙灘上放置消波塊，會讓母龜無處產卵。

產卵沙灘上的人行步道，在海浪長期的侵蝕下，消失殆盡。

沙灘上進行人工建物，破壞生態環境。

直接破壞沙灘

在進一步討論人爲活動對沙灘所產生的負面影響前，讓我們先了解沙灘的生態環境。沙灘因外海的波浪沖刷力量較強（這就是沙灘外合適衝浪運動的原因），因此僅會有部分較粗的沙粒沉積下來，在生態上稱爲「中等能量的沉積型環境」，這個環境的最大特色是，顆粒結構十分鬆散，在這種情形下，強勁的波浪及風加上潮汐的力量大到足以將一個沙灘上的沙子，在短短的數天到數週內「搬」到另一個沙灘，甚至是另一個島嶼去，這種情形在颱風來臨時特別明顯，台東縣的蘭嶼島上就發生過數次東清灣的沙灘，在短短的一次颱風侵襲中，將超過一公尺厚的沙灘沖走，直到三年後才逐漸恢復搬回來！就是這樣，舉凡潮汐及波浪能影響到的地方，不但沙灘的形狀幾乎每月不同，而且因沙子不停的滾動，所以無法生長任何植物，動物如螃蟹等也只能以築管穴居的方式生活在沙灘裡（以免被沖走）。唯有在沙灘後方海水到達不了之處，因沙子不易被沖走，此處不但容易形成沙丘，且會有植被出現。

當人們爲了利用沙灘而在沙灘旁做些永久性的改變，如修築步道、涼亭及擴張房舍及庭園等，以便住戶或是遊客較易到達沙灘時，沙灘的動態平衡（風及海浪的侵蝕相對於沙粒的堆積）就會遭到破壞。一般而言，沙灘上的建設多與破壞沙丘有關，當沙丘及附近的沙灘結構遭到破壞時，侵蝕的力量會大於堆積的力量，結果會造成沙丘進一步地遭到侵蝕及向後退縮，由於母龜多會選擇在沙灘上有草的地方產卵，沙丘的侵蝕不但會造成海龜產卵環境的消失，更因沙丘的保護功能減弱或是消失，而使後面的建物直接面對海浪的侵蝕！像是在澎湖縣望安島上海龜產卵保護區的沙灘上，在挖除沙丘後所修建的衛浴設備，於海浪不斷地侵蝕下，原有的功能盡失，僅留下毫無美感與樹蔭效果的「涼亭」！而在沙丘上所建的步道，因經不起海浪與颱風的侵蝕，大多在沙丘消失後，碎裂成數塊，並逐漸被沖到海中，原來的步道早已不見蹤影，且使後面的民宅逐漸暴露在海浪侵蝕的壓力下。相對的，衛浴設備的另一邊因是公墓區而沒進行任何人爲開發，那部分的沙灘至今仍未有太多的變化！

除此之外，將沙灘後方的樹林砍除以方便構築房舍、道路等，不但會因失去樹林的擋風及含水功能而加速沙丘的侵蝕，且會因缺乏樹林的遮蔭，而導致沙溫增高，加上含水量的降低，使得在此地孵化的龜卵，不但偏向雌性（雌雄比例失衡），而且容易因脫水而增加孵化中的死亡率，或是孵化出更多畸形的稚龜，這些不正常的小海龜即使能活下來，大多也無法活到成熟的年齡。像是在南沙群島的太平島上，國防部爲了興建機場，將該島上最重要的產卵沙灘後方的樹林剷除，這種行爲將會對在島上產卵的族群產生致命性打擊！

沙灘上蓋旅社，會毀掉海龜的陸上棲地。

產卵沙灘上蓋衛浴設備，會造成沙灘的流失。

另一個會直接影響沙灘結構的是堤防、水泥消波塊等人工建物，這些建物的目的是穩定沙灘（像消波塊），以保護後面的建物如濱海道路、橋樑、房舍、公墓等，或是防止海浪直接衝擊港口、過多的海砂堆積（如堤防）等。堤防的修建會改變沿岸海流的方向，進而造成堤防面海流方向之沙灘的侵蝕，及背海流方向之沙灘的堆積，這不但會造成產卵沙灘的面積縮小，而且會使產在侵蝕沙灘上的卵窩，十分容易遭到海浪的沖走或是浸泡。爲了防止沙灘後方的建物遭到大自然的破壞，沙灘上的消波塊往往會堆上至少三排的厚度，在這種連人都難以跨越的人爲屏障下，海龜自然無法在此處產卵，就算沙灘保留下來，海龜的產卵棲地也就從此完全的消失了！像是在東沙島上，海軍陸戰隊可能爲防止大陸的軍事行動，在沙灘上構築了數條的水泥消波塊牆，此舉不但破壞沙灘景觀，而且因沙灘穩定下來，植被也長到水邊，沙礫因不再滾動而變的較爲密實，加上植物根部的固著性，原來在這個島上產卵的玳瑁，因無法掘出可產卵的深度而放棄了這個產卵棲地，加上人爲長期的大量捕殺，東沙島多年來幾乎沒有海龜上岸產卵的紀錄。而台東縣的海岸多爲沙灘組成，原是海龜重要的產卵棲地，如今有七到八成的海岸都布滿了水泥消波塊，加上海水浴場的興建、設置垃圾場、遊樂設施等，目前僅剩極端少數的「點」，可能還有海龜能上岸產卵！

東沙島的沙灘末端，因堆上消波塊而失去擺動的功能。

東沙島的沙灘上，堆起數層的消波塊。

挖沙是第三種直接影響沙灘結構的不當行爲，人們會挖沙是因爲需要沙子蓋房舍、道路、墳墓及其他相關的建物，由於對沙子的需求量很大，因此會不斷的從沙灘上取沙，這會造成另一種沙灘的流失及加速海浪的侵蝕。更甚者，當人們取沙時，往往先行篩選，將細的沙子取走，大的顆粒拋棄在沙灘上，在海浪長期掏洗下，沙灘終將變成礫灘。這不論是對娛樂或是生態系而言，皆會使沙灘的功能喪失掉，而且會毀滅海龜的產卵棲地。這是因爲對母龜而言，牠的產卵棲地可能因沙灘的消失，而不再回來產卵，即使母龜能產卵，孵出的小海龜，在爬回大海的途中，因礫灘的顆粒太粗，而像爬過無數的大山一樣，多數會因體力耗盡而死在半途中。

小海龜因無法爬過如大山般的礫石，而死在礫灘上。

長久下來，母龜放棄這個產卵沙灘，而小海龜也無法回到大海，自然在此處產卵的海龜族群，就會永遠的消失掉。像在台東縣的蘭嶼島上，原來沙灘非常的廣闊，也常可見到海龜上岸產卵，但因在六、七○年代爲了在島上建築環島公路、蓋國宅等而大量且有系統的挖沙，造成環島沙灘大量消失。此外，政府於九○年代末期於島上推動補助房舍改建計畫，造成挖沙成了全民運動，「全盛期」甚至會在沙灘上架設篩網，並修築道路直通沙灘，以便搬運車出入。

在這種情形下，蘭嶼島上原有九個沙灘，其中的六個已成了礫灘，而剩下三個沙灘中的一處，因太多的人爲活動，已經快沒有海龜上岸產卵，另一個則少見到海龜上岸產卵，目前唯一有穩定海龜上岸產卵的沙灘是一處不到 200 公尺長的小八代沙灘。我們常常可以發現，十頭以上的海龜會在產卵季中，「擠」在短短不到 100 公尺的沙灘上，找尋其產卵地，因此發生和國外欖蠵龜集體上岸產卵時，同一地點重覆產卵情形，這會造成後一頭母龜將前一頭所產下的龜卵全部挖出，四散沙灘上，造成龜卵無法孵化而死亡外，腐爛的龜卵也會形成當地的環境污染，直接影響到附近卵窩的存活率。

挖沙會使沙灘便成礫灘

沙灘上不當的活動

除了直接破壞沙灘結構外，一些人類在沙灘上的活動也會對海龜產生致命影響，這些破壞主要可分成下列幾大類：

◆ 在沙灘上行駛四輪傳動的越野車或是吉普車，這不但會因輪胎在沙灘上留下很深且長的痕跡，而造成對小海龜下海的阻礙（因爲這個車輪的痕跡對小海龜而言是一條深溝），而且活動後留下的垃圾對母龜也會有負面影響。

◆ 在產卵沙灘生營火、任意使用照明設備、因過度好奇而看到海龜就跑過去翻騎、使用閃光燈照相、錄影等，均會因母龜在沙灘上的敏感而驚嚇到牠，使牠心生畏懼，而不敢再來此處產卵。

◆ 人類在沙灘活動後所留下的垃圾，或是將廢棄的大型家電棄置在沙灘上，或是由附近航行船隻所漏出的原油漂流到沙灘上等，不僅非常難以清理，而且會對產卵的母龜及下海的稚龜造成威脅；牠們會受到垃圾的牽絆而無法順利產卵或是回歸大海，垃圾也容易引來陸上捕食者的注意。此外，沙灘環境也會因垃圾的堆積而變質，影響龜卵的孵化環境。

◆ 挖掘龜卵會造成當地的產卵海龜，因沒有後代活下來而滅絕。即使在鄰近的島嶼上仍有母龜會上岸，但因牠們僅在自己熟悉的沙灘上產卵（我們稱之爲高忠誠度），所以絕不會擴展到這個沙灘的。

◆緊鄰著沙灘修建濱海道路、村莊、涼亭、旅社、酒吧、餐廳等，這些建物不但會讓人類更容易到達產卵沙灘，更重要的是，為了方便居民及遊客，業主及當地政府多會設置相當多的照明設備如路燈、屋外水銀燈、室內各種燈具等，以確保足夠的光亮，人們也會乘騎機汽車在濱海道路上行駛，而產生噪音及不斷移動的光源，這些污染都會造成產卵棲地的消失。此外，一些在產卵沙灘附近的人為設施，也會產生相同的干擾效果，如在希臘一個全地中海最重要的赤蠵龜產卵沙灘附近，政府修建了一座機場，起降飛機所產生的噪音及光污染就嚴重的影響到母龜上岸的意願。

◆產卵沙灘附近的村落，除了會產生光污染外，一些飼養的家畜如狗、豬等也會因在沙灘上活動而影響母龜找尋其產卵地的意願及稚龜返回大海，有些家畜還可能會挖掘龜卵或是攻擊稚龜。

在澎湖縣的望安島上，當地的居民多為漁民，因供奉媽祖為海神，所以相信海龜有靈，不會捕殺上岸產卵的母龜。然而好奇心而吃龜卵的情形，在過去時有所聞，但因宗教民俗禁止他們大量食用龜卵，因此直接捕食的壓力並不大。不過，由於小海龜在水族業可賣到很好的價格，因此在利之所趨情形下，在數十年前，每年夏天都有若干村民在沙灘上挖掘龜卵並帶回家孵化，再賣到都市的水族業，不少人因此賺了不少錢財或是蓋樓房。由於水族業都會將小海龜當成淡水龜（如巴西龜）來賣，因此這些小海龜根本沒有任何存活的機會。這種過去的間接捕殺，也是造成望安海龜族群瀕臨絕種的主因。

海邊堆垃圾，會造成近海的海洋污染。

死亡海龜的胃中，充滿了人造物品。

光污染

光污染，原來是用在天文學上，意指星光或月光受到人爲光源的影響而降低其解析度，因此又稱爲「天文光污染」。在這裡，我們指在環境中會對野生動物產生負面影響的人爲光源，因此又稱爲「生態光污染」。

在沙灘上，人爲的短波光源包括手電筒、閃光燈、路燈、機汽車頭燈及房舍的燈光等，這些光因具有方向性，且距離物體較近，所以在視覺上會產生強烈的負面刺激。光污染對母龜及小海龜都會產生負面影響，在母龜方面，強光會使牠產生不正常的產卵行爲，像是不敢上岸、在沙灘上往背光的方向爬行、減少掘洞次數、挖較淺的洞、提早放棄產卵及降低產卵成功率等，這些都會增加母龜在產卵能量上的開銷，造成提早結束產卵季，及降低下一代的存活率，進而影響族群的適存度。對剛爬出卵窩的小海龜而言，亮光代表海洋之所在，因此牠會朝亮的方向爬去。

然而，強光會造成小海龜的偏差行爲，這包括因無法辨識方向而產生的轉圈子行爲，或是偏離下海的方向，及朝向光源的方向爬去。這些行爲都會消耗小海龜的體力，讓牠們認爲陸地就是海洋，而無法爬回大海，最後力竭而死在沙灘上，牠們也會因光污染而增加被捕食的機率，及下海後因體力不足而面臨無法活下去的命運。

望安島上主要的村落——東安及西安村因緊鄰著產卵沙灘，室內外、路燈及過往的機汽車都會對海龜產生一定程度的負面影響。伴隨著村落、光源及沙灘邊緣開發（網垵口鯉魚門形狀的衛浴設備）的是不斷湧上沙灘的遊客，這些人爲的干擾，造成大部分的網垵口沙灘上，已多年幾乎沒有海龜上岸產卵！在蘭嶼島上，除了大量的挖沙外，過多的人類活動如夜晚在沙灘上打燈找尋海龜及收集寄居蟹、海釣、生營火、近海捕魚、環島公路的路燈光害等，都是形成島上海龜上岸產卵的威脅。近年來，部分居民會在產卵沙灘旁蓋酒吧、民宿、餐廳等，房舍的光源會直接投射到沙灘上。屏東縣的琉球嶼，也有住宅附近的路燈直接照射到沙灘上，這些都會造成母龜避開在此上岸產卵。長期而言，產卵沙灘會因此而縮短！

光害問題最近引起全球海龜研究者的重視，雖然已經確定它對單一海龜行爲的影響，但對大範圍，如美國佛羅里達州之產卵母龜的影響，卻沒有定論。隨著地理資訊系統的廣泛應用，人們開始將歷年衛星遙測所得到的地面光強度之變化，配上同一時間內的產卵母龜之數量，便確定牠們的長年變化，的確會受到光污染所影響。這個方法很適用於大尺度，如台灣東部海岸的光害管理。但對於小尺度，如琉球嶼或是澎湖縣的望安島等任何一個產卵沙灘，卻無法使用，因爲一方面島太小，在衛星影像上，就算涵蓋整個島，也不到一個光度的範圍，更別談其中一個沙灘了！此外，沙灘上出現的光，不只是來自附近的人造光源，還包括海上反射及折射的遠處光源，及來自大自然的光源，如星星、月亮等，這些光強度都無法用衛星遙測的方式得知，因此針對產卵沙灘的光害問題，最實際的解決辦法還是每個沙灘單獨進行量測，以找出特殊的解法。

海上棲地破壞

海龜一生中有 95% 以上的時間是在海上度過，因此海上棲地破壞對海龜生存所造成的影響，要遠大於陸上棲地的破壞。然而，我們對海洋的了解卻遠比陸地來的少，加上動物在海洋中的行蹤要比陸地難掌握的多，所以海上棲地的保育工作會比陸地來的難，成效亦不容易彰顯。

一般而言，海龜在海上的棲地可分成近海及遠洋兩大類。近海的棲地多指水深不超過 200 公尺的大陸棚海域，而大洋則指超過這個水深的海域。大洋多爲出生後小海龜的成長及成龜如革龜、肯氏龜、赤蠵龜及欖蠵龜的覓食海域，近海則爲亞成龜的成長及綠蠵龜、赤蠵龜、玳瑁及平背龜等成龜的覓食海域。人類對海龜的破壞，以近海最爲嚴重，這是因爲人類的活動主要集中在容易到達的淺水區。

在各種破壞行爲中，最常發生且最容易引起注意的是炸魚及毒魚，炸魚及毒魚的理由很簡單；比較容易抓到魚。然而，這種行爲會破壞海龜的食物，讓牠無法獲得足夠的能量，若是當海龜正通過該海域時，炸魚會嚴重地傷害海龜的聽力，炸魚也會減少其他吃這些魚類之動物的食物來源，進而破壞牠們的覓食棲地。毒魚則會因海龜直接食用有毒魚類而威脅牠的生命。此外，其他的海洋生物也會因誤食有毒的死魚而中毒。

另一種與炸魚、毒魚造成同等危害的人類行爲是使用非法的漁具及漁法如滾輪式拖網等，這種行爲會直接毀壞珊瑚礁等重要的海洋生物棲地，造成成千上萬的海洋生物滅絕。由於珊瑚礁也是海龜的重要棲地，一些種類像是綠蠵龜及玳瑁等，會以珊瑚礁爲主要覓食棲地，有些綠蠵龜甚至會定期到珊瑚礁去給清潔魚清除身上的寄生物（如藤壺等）。珊瑚礁一旦遭到破壞，需要花上非常長的時間復原，海龜也可能因此而永遠喪失這個重要的棲地！像是東沙群礁，原是非常美麗的珊瑚環礁，生物資源十分豐富，島上也有玳瑁上岸產卵，但沙灘棲地遭到駐軍的破壞，環礁內海又有大量來自中國大陸、香港、越南及少部分台灣等地的漁民，在此不但過度捕撈而且使用大量的氫酸鉀等劇毒毒魚，造成東沙環礁的珊瑚產生嚴重白化問題，重創了海龜的重要海上棲地，這也是造成近數年來，東沙島上不但玳瑁族群遭到滅絕，而且幾乎沒有海龜上岸產卵的主因之一。

炸魚及毒魚是海洋生態的主要殺手。（行政院新聞局提供）

以上這些與漁業有關的破壞與公海上的非法捕魚，統稱爲「非法、不回報及不受控制的漁業行爲（IUU：I l legal ,Unreported, Unregulated, Fisheries）」，因爲這種爲了追求眼前近利，而不惜毀掉整個生態系做法，會造成海洋生態系無法彌補的損失，所以這類破壞性極強的漁業，是目前國際保育組織極欲了解及解決的問題之一。

其他近海棲地的破壞行爲包括漁船及其他船隻的撞擊而造成海龜的傷亡，這類的傷害多爲螺旋槳直接割破背甲所致，在這種情形下，海龜通常會直接死亡。不當的海拋廢棄物及垃圾，及未經處理過的污水排放等，會造成海洋污染，破壞近海海洋生態系的完整性。由於許多海龜大部分的成長歲月都在近海中度過，及成龜在此交配及產卵。這種破壞行爲會毀掉海龜重要的成長及繁殖棲地，或是誤食無法消化的垃圾如塑膠製品等而死亡。海龜會誤食垃圾，是因爲牠沒有味蕾，有舌骨但沒有舌頭，又沒有牙齒，因此無法辨識水中漂浮的東西是否可食，只要是沒有見過的，都先吞下肚，在胃內解決掉！讓問題複雜化的情形是，海龜爲了確保吞下的物品不會吐出，食道壁上長滿倒齒狀的肉突。這樣一來，能不能吃的物品都會堆積在胃中，一些軟的或是小片的人造廢棄物，會隨著糞便排出體外，較大的將一直堆積在消化道內。

由多年的海龜擱淺紀錄中得知，不論是活的或是死的個體，95% 以上的消化道內都含有人造廢棄物（有人稱之爲「海廢」），數量雖然不多；常常只占內含物的 20% 不到，但因它們無法吸收或是排出，往往會卡在胃到小腸的通道口，排不下去而影響消化系統的正常作業，進而使海龜失去食慾，最後因饑餓而漂浮，有時會染病或是撞上礁石而擱淺，幸運的情形下，會被發現而獲救，不幸的話，就會被撞死或是其他因素而死亡，最後被沖上岸。

許多海龜擱淺之處附近幾乎沒有城鎮，像是新北市的龍洞、屏東縣的阿壹郎古道等地，這代表台灣近海的海潮流強勁，海龜會在他處誤食人造垃圾，或是誤食他處漂流來的垃圾而擱淺！進一步分析這些人造廢棄物發現，主要是塑膠袋或是其他的碎片，其次是漁線和網線，在其他的物品中，可發現像是硬塑膠管、硬塑膠片、尼龍繩、鉛筆等物質。最特別的是我們救過一頭中毒的海龜，最後在其排泄物中找到破碎化妝品的瓶子碎片（香港製造），才確定是誤食化學藥品所致。此外，最近的研究發現，許多塑膠袋分解最後的產物塑膠微粒（microplastics），因不會分解而存在自然界中，它小到連浮游動物都會吞食，所產生的問題，是難以估計的。

海洋廢棄物所帶來的危害，最嚴重的問題是當這些廢棄物改變海洋環境時，海中的細菌可能因生長條件的改變而發生基因突變，這有可能產生新種且有害的病菌，進而造成海龜感染如纖維狀乳突瘤等這種無法治癒的疾病。這種病菌的危險性在於它的爆發性及高度傳染性，這種疾病早在 1930 年就出現於紐約 Bronx Zoo 所飼養的海龜中，因爲海龜身上的腫瘤，外表出現纖維狀的表皮結構而得名。當時獸醫追蹤病龜時發現源自於加勒比海，可惜後來因動物園搬遷，病龜的去向不明而沒進一步追蹤。事隔 50 年後，在夏威夷發現一打染上纖維狀乳突瘤的病綠蠵龜，當時不以爲意而沒有作進一步的處理，沒想到在短短的十幾年內，近半數的夏威夷綠蠵龜都染上這種病。更糟糕的是，許多海龜死於滿身的腫瘤！最早，獸醫認爲這些海龜是因爲腫瘤會蓋過眼睛，讓海龜看不見東西，腫瘤長滿嘴巴，讓牠無法吃東西而死亡，因此有獸醫就將腫瘤切除掉，希望能治癒病情。然而，它不但會再長回來，而且海龜的病情並不會因此而好轉。之後的研究發現這種病是濾過性病毒所引起。當時有人提出這種病是海洋污染所引起，但綠蠵龜感染的海域都很乾淨，所以無法證實。到後來學者在巴西聖保羅市附近污染非常嚴重（有工廠及都市廢水的排放）的海灣中調查發現，當海藻吸收污染物後，會產生氨基酸精氨酸（amino acid arginine），而綠蠵龜在攝取海藻時，這個胺基酸就會誘發腫瘤。不過也有人認爲海龜的體外寄生蟲——鰓蛭，才是病毒的媒介，目前尚未對這個病毒的感染途徑有一定論出現。不過有一點確定的是，夏威夷群島的海龜感染方式，是州政府將都市廢水以高壓方式打入地下，這些廢水經由滲透進入沿近海，海藻在吸收地底滲出的廢水後產生會致病的氨基酸，才會引起大規模的感染。

雖然經過十幾年的研究尚未能確定元凶是誰，但可確定的一件事是，這種病會破壞動物的免疫系統，造成動物因感染其他的疾病而死亡。像在 1997 年淡海新市鎮外海發現兩頭感染纖維狀乳突瘤的綠蠵龜，在我們進行安樂死之後發現，牠們的肺臟、心臟、腦和許多內臟的器官都受到了感染！

除了病菌外，有毒藻類及油污染的威脅也很大。短期而言，因海龜每次換氣都會將肺內90%的空氣換掉，所以當牠換氣時可能會因吸入大量的毒藻及油氣而中毒。長期而言，這些毒性物質都會危及生態系的穩定，進而破壞海龜的海上棲地。像在2010年4月於墨西哥灣因鑽油平台爆炸沉沒，而造成嚴重的漏油事件。當時許多專家團隊都進駐調查，漏油對海洋生物及生態系的影響。結果發現，海龜因會避開油污染區，所以眞正呑食漏油，或是被油污包裹而死的例子並不多。倒是不少海龜會因躲到沿近海，而被近海漁業所混獲而死亡。我們也救援過一頭因呑食海上漂浮的油球（tar ball）而擱淺的綠蠵龜。在獸醫餵食乳瑪琳（人造奶油），將油球分解，海龜才在一年後逐步恢復健康！此外，環境賀爾蒙及溫度的威脅也不小，它們會改變動物體內賀爾蒙的平衡，這會根本改變各種生理機制，嚴重威脅海龜的生存。

以上這些棲地的破壞，都會對海龜族群造成永久性傷害，這是因爲海龜爲了克服這些污染造成的直接傷害，就必須做某些生理及行爲上的調整，像是經由賀爾蒙系統啓動去毒機制等，以降低或免於傷害。然而，這種生理或行爲上的調整是非常消耗能量的，動物所付出的代價則是減緩生長率及減少產生下一代的子嗣數量，這會影響到海龜族群的生存能力。若是無法將毒物排出體外的話，那毒物會視其爲水溶性或是脂溶性的特性而堆積在不同的器官中。一般而言，肝和腎或膽是毒物最容易堆積的器官，而這些器官在維持動物的生理功能上，也具有不可或缺的地位。此外，有的毒物如PCB及相關的產物，甚至會入侵細胞，造成基因突變，降低動物的免疫力，使牠更容易感染其他的疾病而死亡。

全球暖化問題

另一個與棲地破壞有關的問題是全球暖化，全球暖化是因人類活動所產生的溫室效應及持續性的增加所致。在各種人類活動所產生的物質中，以二氧化碳及甲烷爲最主要的溫室氣體，二氧化碳主要是燃燒化石燃料（如煤、石油、天然氣等）、天然氣及其他的燃燒行爲如森林火耕、燒材煮飯、畜牧等所產生的，它會產生玻璃窗的效果，也就是讓地面反射的光透過去，卻阻絕溫度的散射，因二氧化碳的消耗速率要比其產生的速率慢很多，所以它在空氣中會不斷地堆積下來。甲烷，則主要爲農耕、畜牧業等活動的副產品，它的消耗速率比二氧化碳來的慢，且阻絕溫度的散射效果更強，因甲烷的產生與人類的活動息息相關，因此比二氧化碳更難處理！這些氣體的堆積會造成地球溫度的不斷攀升，加上太陽光的紫外線因高空中臭氧層的破裂而增加照射到地面的機會，都造成目前我們所熟悉的溫室效應。

根據最近的調查顯示，近百年來的全球平均氣溫已上升了 0.6℃，雖然變化看起來並不大，但就長期而言，全球暖化會根本改變大氣對流的結構，這會影響到風的強度及方向，其改變是因爲大氣會對流，主要來自赤道與極地的溫差，當全球暖化後，極地與赤道的溫差變小，空氣對流自然就減慢了，相對的，地表主要的風力就會隨之而減弱，這會大大減弱各大洋中主要表層洋流的強度，及增加「聖嬰現象」的頻率。由於大洋中的動物分布及洄游機制主要決定於大洋環流的完整性，全球暖化所造成的減弱環流，會改變海洋生物的分布、洄游的時間及方向，造成大部分的生物因分布到不合適居住的海域，如溫度、鹽度、Ph 值等環境變化會超過生物的適應範圍，或是下一代出生時並非食物最豐盛的季節等，而面臨地區性或是全球性族群滅絕的命運，造成所謂的「串聯性滅絕 cascade extinction」之情形，終而導致生態系的崩解。此外，對海龜而言，全球的暖化會造成極地的冰塊溶解，根據研究顯示，若是海平面因此而上升 0.5 公尺的話，會淹沒掉全球近三分之一的產卵沙灘，由於沙灘的後方，有時會有人工建物如房舍、防波堤的建設，退縮的沙灘會產生「擠壓效應」，也就是母龜被迫在更小的沙灘上找尋其產卵地，這會使同一地點重複產卵的機率大增而減少下一代的存活率。

海龜的海上重要棲地——珊瑚礁也會因往上長的速度趕不上海平面的上升而大量死亡！即使在短期間，全球的暖化現象仍然會對海洋生物產生直接的影響，一些研究顯示，大西洋浮游生物的分布範圍已因全球暖化而向北擴張，這會影響到以這些生物爲食的動物，如革龜等的活動範圍，綠蠵龜也會因水溫上升而增加其食物——海藻及海草產量，但其他的動物卻會因生產季與食物豐盛期無法配合，而面臨族群大量餓死的命運。到底這些變化對海龜的影響是好是壞，尚待進一步調查。

除了會改變棲地環境外，全球暖化對海龜也會產生直接的影響：海龜會因暖化而擴大其棲地到較高緯度的地區。此外，因爲海龜的性別是由孵化的沙溫所決定的，而所有海龜的性別決定溫度多在29℃左右，因此暖化會使雌性的海龜數量增加而造成族群性別比失調。此外，海龜的生存溫度下限爲25～27℃，而上限爲33～35℃，龜卵在孵化後期會產生大量的代謝熱，這會使卵窩溫度上升2～3℃，暖化很可能使孵化的溫度接近或超過忍耐的上限，而造成孵化率降低及稚龜因溫度過高而減少爬出卵窩率，這些都會對族群的適存力產生負面影響。

CHAPTER

5

擱淺海龜的救傷

本章介紹海龜為何會擱淺，擱淺通報系統及其重要性，海龜的救傷、照護和野放的意義。

SEATURTLES

海龜為何會擱淺？

擱淺（stranding）是指船隻因駛入淺水區而困在那裡，在海洋動物界，擱淺則是因大型動物像是鯨豚等，因各種原因失去方向感，而集體游到淺水受困或是直接沖上岸。而海龜就不太一樣，海龜有四肢，產卵時就會爬到出生的沙灘上去繁衍下一代。那海龜怎會擱淺？一般而言，當牠失去游泳的能力時，便會順水漂流，如果沖上岸時，因為四肢無法或無力運動，就會成為擱淺的海龜。

海龜會擱淺，在前一章的「生存危機」中已經提過，除了吞食人造廢棄物外，網具纏繞、魚鉤刺穿、遭到船隻撞擊等都是重要的原因。此外，一些自然因素，像是偶爾的天敵——鯊魚攻擊、內波的衝擊、海流太強而撞擊沿岸礁石，以及最常出現的季節更迭，也會造成海龜因不適應氣候的變化——主要是水溫及風浪過大而擱淺。在歷年紀錄中，最常出現海龜擱淺的季節是冬末到春季及秋季到初冬，而擱淺的海龜以體長 30 ～ 50 公分背甲曲線長的青少龜為主。這種體型的海龜，因肺活量不夠大，所以當氣候改變過大時，就無法像成龜一樣能潛到深處去躲避。在無法做適當的生理調節下，就會失去正常的游泳能力，若加上吞食了人造廢棄物的話，就會因喪失食慾，失去動力而順著沿岸流漂，最後擱淺在岸上。

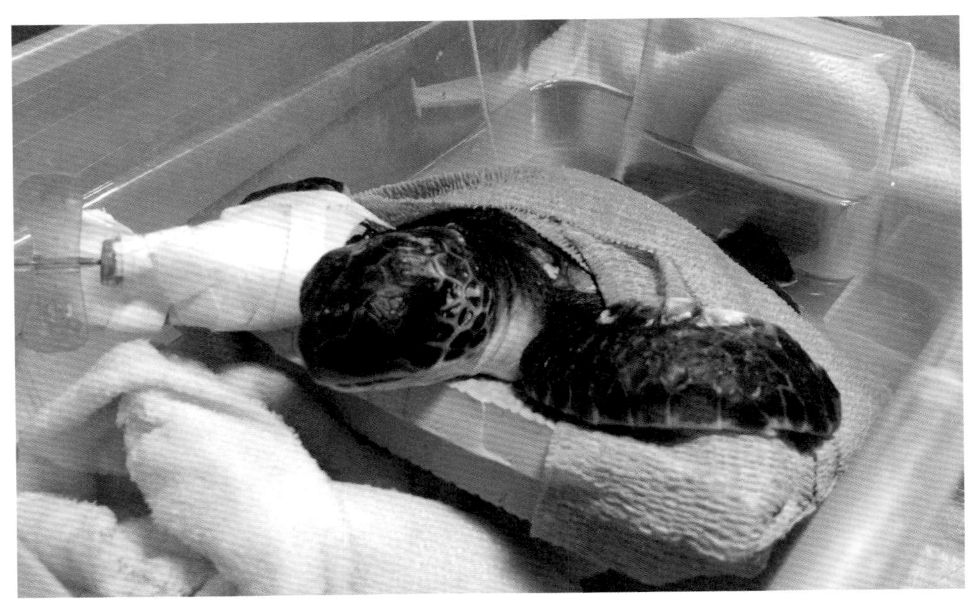

海龜擱淺通報系統

台灣的海岸線很長：約 1600 公里，許多地方人煙罕至，因此海龜擱淺之處多不會被注意到。在以往，人們並不關心沙灘或是礁石上有什麼屍體，所以大部分的案例都遭到忽略，給社會一種在台灣海岸，海龜擱淺案例並不多的感覺。

我們在 1997 年收到 2 隻感染纖維狀乳突瘤綠蠵龜，因為這是台灣首次有高傳染性病例，當時的新北市政府很重視，需要持續追蹤，也要了解對這方面有深入研究之美國學者的意見，因此我們飼養牠們一段時間，沒想到此行動開啓了擱淺救傷的大門。在媒體報導後，我們開始接到海龜擱淺通報，一開始數量不多，我們請台北市立動物園的獸醫幫忙，但由於他受限於園區規定，成效並不顯著，我們也不易借到收容海龜的大桶。

一開始工作並不順利，主要工作只好以解剖屍體來了解可能的死因，一直到 2006 及 2010 年舉辦過兩次海龜擱淺救傷國際研討會後，獲得台灣大學獸醫專業學院院長季昭華教授的主動支持下，我們才敢進行擱淺活龜的救治工作。然而，照顧這些傷病海龜的飼養池問題依然未解，我們只有利用實驗室及走廊的空間照護牠們，最嚴重的情形是走廊養了四隻海龜外，實驗室內又放養了五隻，非常爆滿。由於實驗室及走廊並不適合飼養海洋動物，在不斷地和校長溝通下，終於在學校商借到新北市貢寮區的「海洋資源復育園區」，取得適當的室內飼養空間及相關設備，並在行政院林務局及學校的財務支援下，我們成立了「台灣北部海龜救傷中心」，正式進行海龜救傷的工作。

位於新北市貢寮區「海洋資源復育園區」的「台灣北部海龜救傷中心」

救傷中心的海龜復育池

救傷中心的海藻池

台灣的海岸線長，海龜會擱淺的地點也多到數不清，除非有人告知，要進行適當的海龜擱淺救援計畫，就需有完善的通報系統，才能達到有效的擱淺救援行動。在此一前題下，需要設計一個一般民眾都可以進行通報，且資料又夠完整能分析的系統，是份具挑戰性的工作，因爲海龜的通報經常由電話或是網路（手機）進行，所以又被稱爲「海龜擱淺通報網；sea turtle stranding network」。

海龜通報網通常包括時間（時間及日期）、地點、物種、體長、體寬、重量、性別、是否存活、通報方式（混獲或是擱淺）、被混獲的方式等，及一張古歌（google）地圖顯示混獲的地點。由這些資訊我們可以算出當年有多少海龜擱淺及混獲、擱淺的月份及種類組成、體長分布、縣市分布、性別比、擱淺存活率、混獲的方式等重要資訊，也讓我們對台灣海龜的擱淺及混獲趨勢，能有深入的了解。這對確定全省最容易發生擱淺的季節及地點（所謂的「熱點區」）和最容易擱淺的物種，能有一全面性的了解。對政府而言，若有一個完善的通報系統，就能依照所收集到的重要數據，進行長時間的統計分析（所謂的「大數據分析」），不但能看出海龜擱淺的趨勢，且能針對保育策略的制定，提供重要的學理依據。

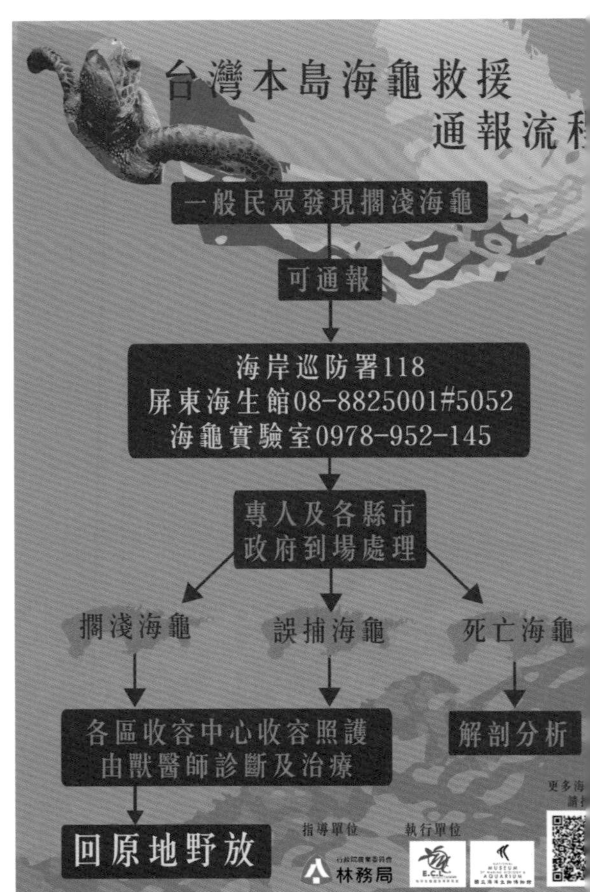

海龜救傷通報流程圖

台灣的擱淺通報網，是由中華鯨豚協會最先建立起的，由於成效不錯，林務局便在 2012 年，委託海洋生物博物館的李宗賢獸醫，在鯨豚通報系統中，成立台灣海龜擱淺通報網。我們因為早在 1997 年便開始記錄擱淺及混獲海龜的資料，所以有相當完整的資料庫。由這些年的紀錄可以看出，剛開始時，每年只有 0 到 5 頭的通報，一直到 2014 年之後，因為長期宣導的努力，通報數量才開始增加，2015 年有 105 頭紀錄，到 2016 年已增加到 150 頭！有人認為這兩年增加是因為台灣的海洋環境變得非常髒，所以擱淺海龜數量會大增，但 2014 年僅有 35 頭的通報，2015 年就增加了 3 倍，2016 年更增加了近 5 倍的通報量，在環保意識提升的今天，通報量呈現倍數成長，絕對不是環境惡化的結果！很顯然的和通報系統之逐漸完善，民眾通報意識逐漸建立起來有關。我們預估通報的數量，將會在兩、三年後到達高峰，之後會因每年絕大部分的擱淺海龜都會通報，而漸趨平穩，這代表通報系統已經發揮其功能，因此每年通報數量的變化，將與當年的氣候有關。

在五種海龜中以數量最多的綠蠵龜為主，占八成左右，其次是赤蠵龜。擱淺的海龜中有三分之一是活的，而最容易發生擱淺的地區為新北市及宜蘭縣。新北市的擱淺「熱點」是貢寮區，該處為一內灣，因水流較緩，記錄到的海龜多為擱淺類型。而宜蘭縣的擱淺「熱點」是頭城及東澳鎮，由於該兩區海岸線平直，附近又有黑潮經過，因此紀錄到多為定置網的混獲。

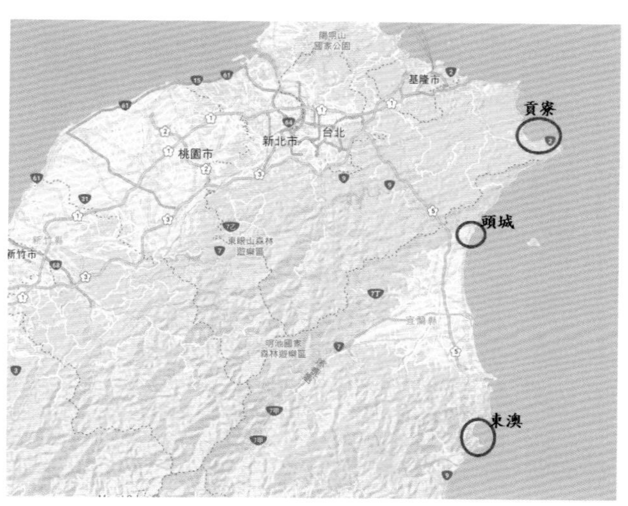

全台海龜擱淺的「熱點」；新北市的貢寮及宜蘭縣的頭城及東澳鎮。

擱淺海龜多會出現外傷及腸道阻塞的現象，外傷通常與魚鉤穿刺、漂流時撞到礁石、遭漁船撞傷、船槳打傷等有關。而腸道阻塞多與呑食人造廢棄物如塑膠有關。有時錯誤的人爲作法，也會造成海龜死亡，像是 2016 年 9 月廈門大學及國家海洋局第三所共同照護三頭，由漁民在一年多前所混獲的綠蠵亞成龜，並再野放時進行人造衛星追蹤，來了解其海上行蹤。

不幸的是，在野放的兩天後，有一頭發現陳屍於金門縣的料羅灣沙灘上，經由解剖後發現胃內除了由尼龍繩一截短的硬塑膠管所混成的人造球，卡在腸道入口外，胃內是全空的，顯示牠已數日未進食。然而，牠體內的脂肪含量多到解剖時會滴到地面的程度。我們的推論是，當時收養了 3 隻混獲的海龜，在混養下，無法得知是否每頭海龜都獲得適當的照護。這頭海龜開始時，吃的食物過於營養而產生脂肪堆積的情形，之後因呑食人造物無法排泄而不吃東西進而體衰，終在野放後死亡而擱淺！

海龜胃內的人造物

海龜的救傷與照護

當發現海邊有海龜動也不動時，就是海龜擱淺了，需進行緊急通報。通報時，請撥打 118（海岸巡防署），或是當地縣市政府農業局保育相關科室，進行通報海龜擱淺案例。在北部（苗栗縣到花蓮縣），請通知國立台灣海洋大學海洋生態暨保育研究室（0978-952-145），在南部（台中縣到台東縣）則請通知國立海洋生物博物館（08-8825001 轉 5052）以便進行現場救援，進行海龜救援時，若是死的，在屍體情況還好下，也就是身體尚未腐爛到四肢或頭部不見、身體腫脹像氣球般、內臟都是蛆，是可進行解剖的，否則就只能就地掩埋了。

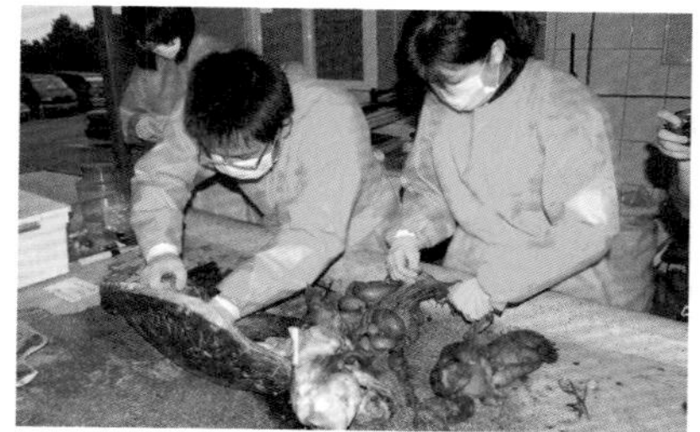

海龜解剖

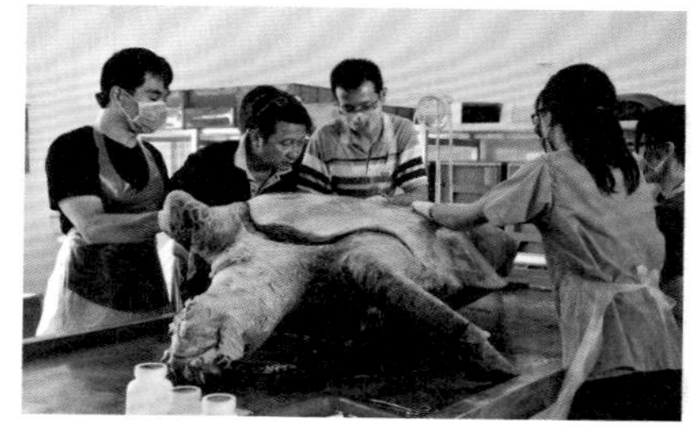

獸醫解剖死海龜

解剖屍體能告訴我們很多信息，所謂的「屍體會說話」，屍體的外觀和內臟顏色與完整性，以及胃內含物，能告訴我們海龜生前大概出了什麼狀況，以及牠是否吞進了不潔之物像是人造垃圾等。如果海龜在死亡 3 小時內，獸醫還可以進行病理解剖，以得到更多致死的資訊。但海龜不動並不代表牠已經死亡，有時只是休克而已。在這種情形下，我們要捏捏海龜的泄殖腔，或是搓搓眼睛觀察是否還有反射動作，如果都沒反應，就代表海龜已經死亡，否則就要進行緊急救護。

對於擱淺活龜的處理，應該隨著擱淺的方式而有所不同。一般而言，會通報的海龜，最常出現的是擱淺在岸上及網具混獲兩種。不論是哪種情況，我們在送醫救治前，須做緊急處置以增加其存活率。

擱淺的海龜，最好放置在裝有淡水的容器中，要避免水高於頭部，同時須用濕布蓋住身體與頭部，但不要蓋住鼻孔。對於被網具拖曳過的海龜，因其肺部或是胃內有可能進過海水，所以須將海龜移到蔭涼處，以

45 度的方式讓海龜的頭部朝下，傾斜約 20 ～ 30 分鐘，讓腹或是肺中的海水流出，然後再依海龜擱淺獲救的處理方式緊急處置，以待後送。

在搬運海龜過程中，可以使用長棍及布料（如床單）自製簡易的擔架。若是海龜體型過大或是無法製作擔架時，便可以徒手搬運，但要小心不要碰撞到。徒手搬運時，要將海龜的前肢固定，以免海龜掙扎，造成搬運人員或是海龜的傷害，發生海龜前肢脫臼的情形。

由於海龜不會發聲，面部也沒有表情，雖然外觀可判斷出部分的擱淺原因，像是被撞傷、腹甲凹陷、脖子及眼眶凹陷等，但我們並不眞正瞭解海龜會擱淺的原因。在這種情形下，在最短時間內送到獸醫那進行救治，便能大大增加海龜救活的機會。所以在前往海龜擱淺的地點時，我們通常會聯絡獸醫，安排即刻就診，如果無法，也會以電話告知海龜現況，讓獸醫做遠端的診斷，先進行初步處理，待獸醫空暇時，即刻送往獸醫院，進行診治。

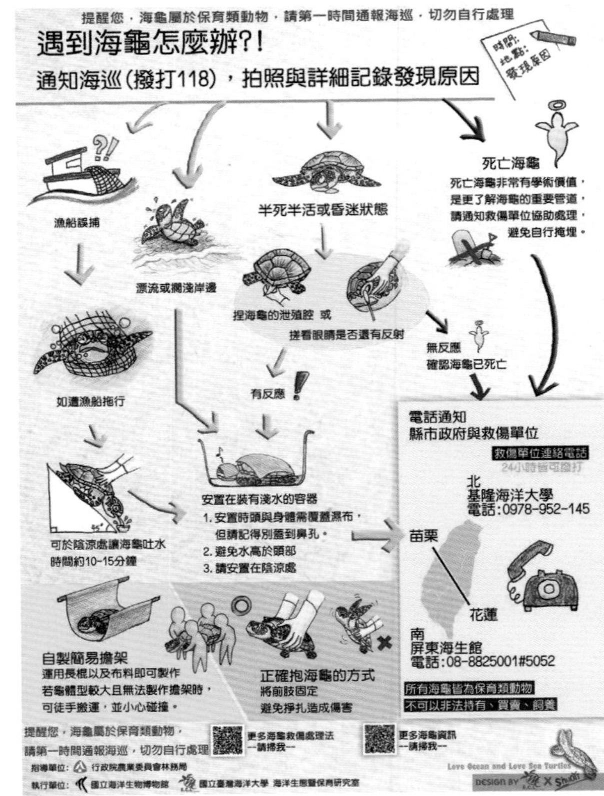

遇到海龜擱淺時，
適當地處理方式。

獸醫往往無法在初診後，立刻決定擱淺的原因，只能做大概的臨床診斷，須等投藥後，視海龜的反應，才能確定病因及進行正確的治療方法。若是海龜的病況嚴重，或是投藥後反應惡化，海龜就需「住院」，做觀察及進一步的治療，等到病況穩定後，便由救護團隊移到救傷中心進行照護。進入救傷中心照護的海龜，會依身體狀況，隔三天到兩星期就回診一次，以確立病況是否有所改善。若是照護期間需要天天打針或是餵藥，那就須密集觀察牠的行爲及進食狀況，以確定病況有所改善，不然就得重新住院治療。就這樣在獸醫數次複診後，確定海龜已經康復可以「出院」後，我們便聯絡海龜擱淺的縣市，進行海龜野放事宜。

在歷年中，我們遇到最特別的例子是在 2016 年 4 月 5 日上午 11 時，接獲宜蘭縣梗枋安檢所通報一隻被魩鱎三層網漁業拖網所混獲的綠蠵龜「小叮噹」，命名爲小叮噹是因爲同年三、四月有太多的海龜擱淺及混獲之案例，學生覺得太不可思議，並說如果又再收容到一隻海龜，就叫牠「小叮噹」，好像什麼都有可能發生一樣，當天，梗枋安檢所的海巡弟兄們就打電話告知有海龜擱淺，因此小叮噹的名稱就這麼來的。牠的背甲直線長爲 44.5 公分，在送回實驗室後，吐出大量的魩仔魚及水分，疑似受到拖網的拖曳所產生的緊迫情形。但在 6 日帶往台灣大學附設動物醫院季昭華獸醫師團隊診療後，發現海龜除了水腫、嚴重的腸胃道脹氣、腸胃功能異常、腸胃道充滿塑膠製品外，X 光檢查發現有魚鉤從口腔插入，並從眼窩的下眼瞼基部穿出。

在緊急開刀取出魚鉤後，發現鉤子已生鏽且斷裂，因此推估小叮噹被魚鉤刺穿後失去活力，在漂浮過程中被網具混獲。於進行一連串治療過程中，海龜極爲虛弱，還出現休克及瀕臨死亡現象。從 4 月 6 日至 18 日，整整 12 天，住院期間海龜均無法自行進食，都是透過獸醫師灌食，並且每日都需施打不同藥物與營養針，小叮噹終於在 4 月 18 日開始恢復進食。但同一天牠所排出的糞便當中，發現了一段非常完整且很長的繩子！ 在照護期間，小叮噹共治療了九次，光診療費就花了近三萬元！但在獸醫師的細心照料下，海龜體力逐漸恢復終於出院，而於 8 月 22 日上午在宜蘭縣蘇澳鎭的內埤海灘野放回大海。此外，我們也遇到兩次貪吃的海龜，牠們在遭到網具混獲，並救治後野放。沒想到牠們有的當天下午或是隔一、兩天後，又在基隆近海找食物時被混獲！這兩頭都是體長不到 40 公分的綠蠵青少龜，還眞是貪吃！

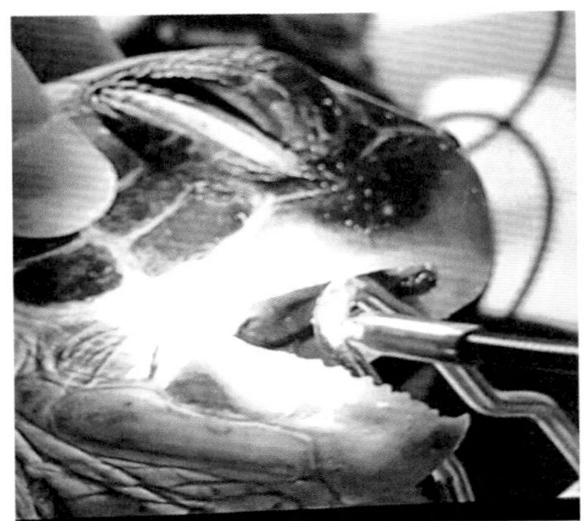

獸醫動手術取出魚鉤

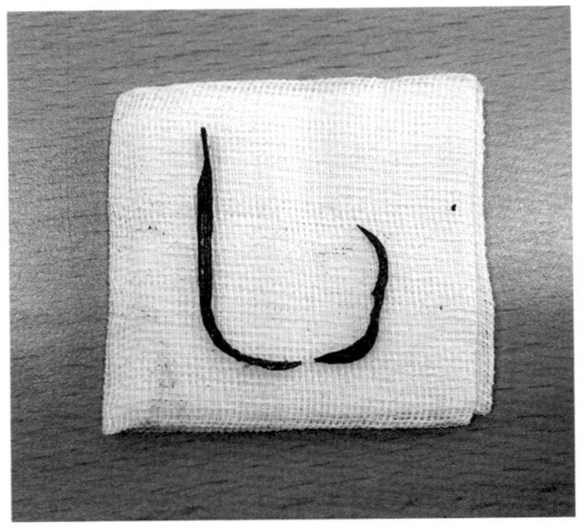

獸醫動手術後取出生鏽斷裂的魚鉤

手術後的小叮噹進行照護

在工作剛推展時，因沒有經驗，所以擱淺的海龜狀況很多，也發生過海龜照護到一半就過世的情形，在和台大獸醫合作後，他們提供很多的專業意見，讓整個救傷系統變得十分有效，海龜救傷的成效也逐漸顯現。

依照台灣大學季昭華教授的研究團隊依臨床檢查、血檢、X 光等診斷，將傷病的海龜分成四個等級，分別爲 1.weakness（單純虛弱，血檢和 X 光都沒有太大異常），2. trauma（明顯外傷或骨折斷肢，但沒有感染的跡象）， 3. infection（有肺炎或是骨折處感染），4. delibity（合併外傷、肺炎或消化道遲緩等極度虛弱個體）。從 2012 年到 2015 年所救治的 26 頭海龜中，第一類 weakness 有 11 頭占 42%，第二類 trauma 有 3 頭占 12%，第三類 infection 有 4 頭占 17%, 而第四類 debility 有 8 頭占 29%。在 26 頭海龜中，有 3 頭不治死亡，占全部的 12%，其中 2 頭屬第四等級，另一頭則屬第三等級。因此，近半數的傷病龜，在擱淺的早期就被發現，且除了非常嚴重的案例外，傷病的海龜均可治癒，因此及早通報及進行救治，對海龜的治癒是有很大幫助。

照護海龜和照護病人差不多，唯一不同的是海龜不會說話，所以照護起來要多花點心思。通常擱淺的活龜

獸醫救治擱淺的傷病海龜

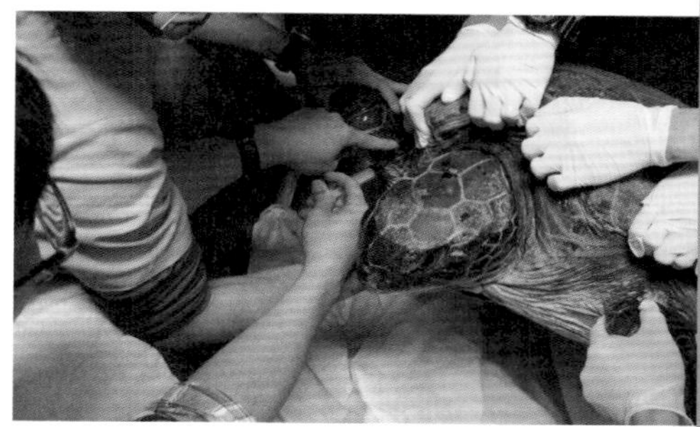
獸醫師們為病龜打針

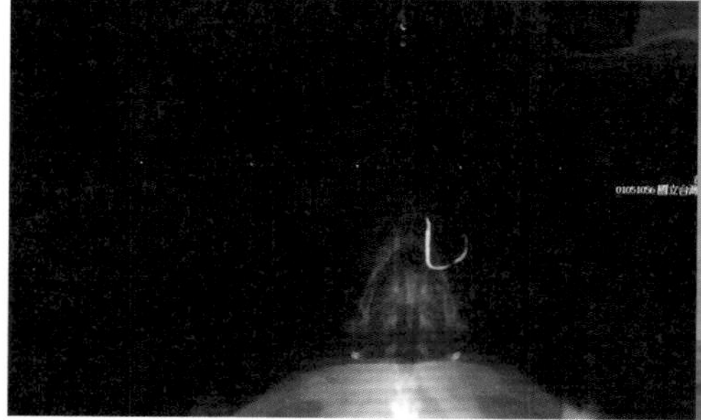
X 光照片顯示，海龜的腦部有魚鉤刺穿。

進入照護池後，我們會先加溫：至少調到 25℃以上，增加體溫有利於新陳代謝及消化道的蠕動，不但增加復原的速度，而且能助於消化道中的人造廢棄物及早排出。往往在照護的初期，海龜因爲不舒服，很少進食，或

是對食物的選擇很挑剔，但在治療及照護一段時間，海龜身體狀況改善後，食慾就會大增，活動力也會增加。一般而言，海龜收容後的一週到十天是關鍵期，若牠能撐過這段時間，存活的機率就會大增，多數可以復原到野放的階段。

由於診療及照護海龜的開銷很大，若是海龜感染了多種疾病，一時難以治癒，在這種情形下，我們會啓動後送機制；所謂的「海龜 SOS 專案」。由於國內除了我們實驗室外，只有屏東縣車城鄉的國立海洋生物博物館，有更好的照護海龜之設備，能進行長期性的照護工作（也是「長照」）。由於基隆到屏東車城的距離遙遠，所以，我們會用最快且最平穩的方式，將海龜在最短時間內運送過去。在各種交通工具中，高鐵自然成了首選，平常車輛運送單趟要花上 6 小時，龜還要忍耐顛簸及高溫的日晒。相對的，高鐵快又平穩，也有冷氣，海龜會舒服很多，而且只要 3 小時左右就到了，也讓海龜的「轉院」更人性化些。

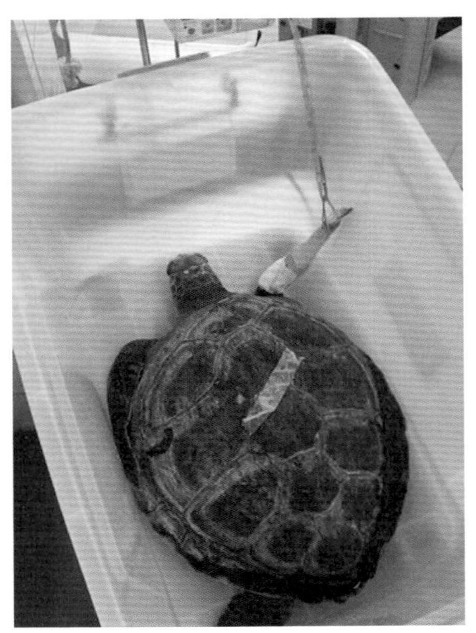

有時海龜病重也需要住院

海龜搭高鐵到屏東海生館，進行長期照護。

海龜野放回大海

在獸醫診斷傷病的海龜已經復原後，便進入最後一階段的救傷照護——野放回大海。此時我們要做的事是讓海龜恢復體力及活力，在這段時間內，我們除了正常的餵食外，可能的情形下，還會將牠移到戶外的大池，一方面增加牠的活動力，一方面也讓牠能多照射陽光，增加維他命 D 的吸收。同時，依照林務局規定，擱淺的活龜在治癒後，須在救獲的縣市進行野放。因此我們會連絡海龜擱淺所在的縣市政府等相關單位；通常是農漁局生態保育相關科（課）室，安排海龜的野放時間與地點。同時，我們會聯絡有興趣參與野放的單位，安排海龜野放事宜。

救傷痊癒後的海龜，野放回大自然的懷抱。

救傷痊癒後的海龜在眾人祝福聲中進行野放

海龜的野放，通常會視爲另類的生命教育，理念是海龜也是生命，我們盡力救活後，希望大家都能重視這個重生的生命。因此我們會在野放儀式中，請宗教團體進行祈福，這代表來自大海的生命，不要因人類的不當行爲及天候的因素而早逝，在放牠們回到大海時，希望給牠們滿滿的祝福，並希望不要再見到牠。所以我們會在野放前先進行簡短的生態及救護解說，介紹野放的龜種、生活習性、爲何會擱淺，和我們怎麼救牠，在許可的情形下，我們會請獸醫向大衆解釋他們的工作，之後我們會請佛教團體進行簡單的祈福儀軌，然後將海龜野放回大海。這就像是當病人痊癒後出院，許多人在醫院門口，祝福他們活的健健康康一樣，當我們對龜的生命都很重視時，那人的生命是否更應受重視？

野放海龜時，在條件許可下，我們也會進行大家都很關心的工作 —— 人造衛星追蹤，以了解牠在野放後，會去哪裡覓食。針對擱淺治癒的海龜進行人造衛星追蹤，對全球而言，並非新鮮事，目的通常有兩個，一是確定海龜是否已經完全復原，另一個則是找出牠覓食的海域在哪裡。我們一共進行了三次擱淺治癒海龜的人造衛星追蹤，第一次是在2010年的新北市野放一頭綠蠵龜，第二次是在宜蘭野放一頭在日本南小笠原群島的母島產卵時，所上標的母綠蠵龜。第三隻是在宜蘭被定置網所混獲的成熟母玳瑁。這三頭中的後兩頭最爲有趣：

福智佛教團體野放前，進行祈福儀軌。

1. 宜蘭野放的母綠蠵龜——卡卡

2014 年 1 月 24 日（週五；農曆年前一週）下午我們接獲桃園縣政府的擱淺海龜通知，在桃園大潭火力發電廠的入水口救起一頭綠蠵龜，發現牠背甲有大量的海藻且活力不佳，初步判斷已經漂浮了一陣子，我們便將海龜運回海大實驗室，進行收容照護。此外，在檢查時發現在這隻海龜的左後肢有太合金標號「11027」為日本標號，因此確認為在日本與台灣之間的洄游海龜，由於牠是本實驗室救傷以來所接獲的誤捕或傷病海龜中體型最大的一隻綠蠵龜，其體型剛剛好塞滿我們能找到最大的收容桶，因而無法動彈，所以取名叫「卡卡」。

母綠蠵龜卡卡因冬天寒流來襲而凍昏，漂進電廠的進水口而獲救。

台大動物醫院就診時，進行了 X 光掃描、超音波檢驗、血漿生化值檢驗、蛋白質電泳等檢驗與秤重，發現牠有血糖過低、脫水、貧血與血液中離子含量過低等現象，此外，血液的感染層級為 3 級感染，推測卡卡已漂浮一陣子，且有一段時間因沒有進食而導致體內免疫能力下降，推測可能是這段時間寒流經過，卡卡因無法調整體溫，而遭到冷暈眩（cold stun），以致於漂浮在電場的入水口。牠第一次秤重為 106.2 公斤，在救護人員的細心照顧下，卡卡在 2 月 2 日已正常的下潛，並能排便與進食，在糞便檢查時，發現海龜吞食了若干塑膠袋，並吃入大量的海綿。到了 2 月 7 日回診時，顯示海龜狀態穩定，體重也增加到 113.2 公斤，因此獸醫認為卡卡已達可以野放的情況。

此外，根據日本海龜協會的回覆，卡卡的鈦合金標是西元 1994 年 6 月 18 日於小笠原群島中平島所標記的，距今已 20 年之久，因此確認卡卡為小笠原群島的產卵母龜族群之一，而台灣桃園外海可能為卡卡的覓食區，此兩地相距約 2134 公里之遠。

卡卡是在 4 月 1 日於桃園縣的觀音沙灘野放的，當天有福智佛教團體、台灣電力公司、附近兩個國小學童、村長及兩位縣議員等八百多人參與野放儀式。最特別的是因爲卡卡是日本標示的海龜，所以當天日本交流協會派出一等秘書及三位隨扈和記者參與，外交部及亞東關係協會均派出主任，連台灣電力公司都派出總經理主持野放儀式，眞可謂「官蓋雲集」！

卡卡在野放後，先是在海峽中向南移動。到了雲林附近折返北游，在台灣北部近海轉了一圈後，沿著東海陸棚邊緣向北前進，但在7月19日於日本本島與琉球群島間，突然失去信號。根據國外的文獻及經驗判斷，牠已遭到漁民的毒手了！

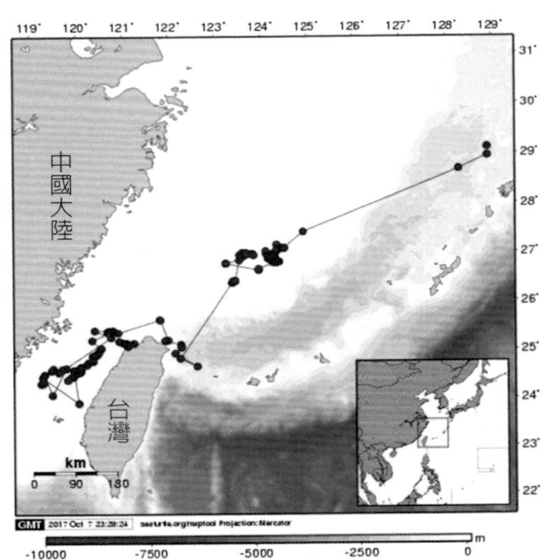

卡卡洄游追蹤路線圖（圖片由 seaturtle.org 的 Maptool 程式繪製）

2. 宜蘭野放的母玳瑁——阿飛

實驗室於2015年6月30日進行宜蘭縣東澳粉鳥林定置漁場海龜混獲調查時，收到一頭成年的母玳瑁，背甲直線長75.1公分，背甲曲線長81.3公分，重63.5公斤。在抽血時發現牠很虛弱，且附著46個大藤壺，因爲當時博士班學生正在港口買飛魚，所以取名爲「阿飛」。

當我們送去台大獸醫院初診後發現，牠的背甲有點爛且飢餓虛弱，應該是漂流了一段時間，且肺部有稍微發炎但不嚴重，所以沒有開藥方，直接送到新北市貢寮鄉的「北區海龜救傷中心」進行照護。照護期間有排泄出大量的飛魚卵、藻類及少量人造物品，但不進食。7月13日因感染肺炎而送到台大獸醫院住院治療到8月5日。

阿飛在住進台大院期間有吃食物，但很挑食，花枝要剪塊且不能帶皮，醫生說是輕熟女的矜持！送回到救傷中心後，變的非常慵懶；牠幾乎都在睡覺，且不愛游泳，除非眞的連伸長脖子都吃不到食物時，才願意游過去吃；牠也不喜歡在我們面前進食，常常沒有人在時才進食，一直到9月多才肯正常進食。

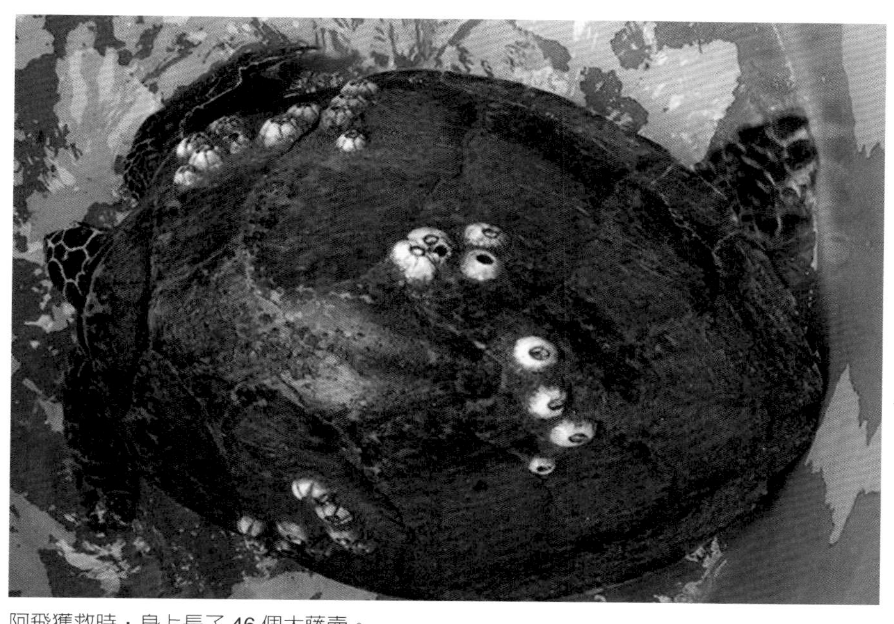

阿飛獲救時，身上長了 46 個大藤壺。

10 月 16 日在第 4 次復診後，獸醫診斷阿飛已康復可以野放了，所以在 11 月 13 日（週五）早上 9 點半於宜蘭縣無尾港（水鳥保護區）舉辦野放記者會，11 點左右野放，野放前請福智佛教基金會成員爲牠進行祈福儀軌，同場觀禮的還有縣長夫人、林務局的官員及附近的小學生。

阿飛是國內第一頭救治的成熟母玳瑁，由於牠具有傳宗接代的功能，所以我們便進行牠的人造衛星追蹤，以了解其覓食海域。結果發現牠在離去後，先是順著黑潮向北游去，但很快發現那不是牠想去的方向，因此在宜蘭外海逆著黑潮向南打個轉後，橫跨黑潮往新北市方向游去。很可能牠是想往南走，但黑潮太強了，只好另外找一個方法南下。在 11 月 22 日下午接近新北市後，便向西游去，途中數次接近海岸，似乎在找食物吃。阿飛在 11 月 27 日離開台灣後就進入台灣海峽，在部分順著流部分逆著流的方式，橫跨了台灣海峽，並於 12 月 6 日到達金門外海，之後便沿著大陸沿海向西南游去，12 月 17 日離開中國大陸沿近海，並沿著南海陸棚邊緣向西南游去。阿飛於 12 月 18 日抵達越南沿近海，此時已進入南中國海的範圍。之後牠沿著越南沿近海南下，並於 2016 年 1 月 4 日離開越南沿近海，仍然是沿著陸棚邊緣向東南前進，此期間，阿飛穿越了台灣東北海域、台灣海峽、東海、南海及大部分的南中國海。

有意思的是，牠都沿著大陸棚前進，幾乎不進入深水海域，可能和找食物吃有關。阿飛能安然通過中國大陸和越南的沿近海，而沒有被漁民捕殺，可能和牠游泳速度快有關，這是很奇妙的一件事。阿飛在年初二（2 月 9 日）的早上通過赤道進入南半球，在洄游期間，阿飛均以每小時約 2.5 公里的高速前進，很像是順著黑潮游一樣的快，比我們追蹤其他海龜的速度快了將近一倍；一般是每小時游 1.3 ～ 1.6 公里，所以稱爲「在海裡飛翔」並不爲過。

這是國內首次用人造衛星，成功追蹤救傷後野放之成熟母玳瑁的海上行蹤及確定牠的覓食海域，也是我們追蹤最遠的記錄！在追蹤過程中，我們也與國語日報中學生週報合作，進行有獎徵答，猜牠的最後到達位置，一方面也介紹衛星追蹤的技術，及玳瑁的形態特徵，以達保育宣導的目的。

在經過 94 天游了 5467 公里後，阿飛於 2016 年 2 月 16 日傍晚抵達牠的洄游終點——卡里馬塔海峽中西印尼的勿里洞島（Pulau Belitung Is.），這裡也是牠的覓食海域，該島是一個風景優美的國際著名潛水地點。牠一直待在那裡，直到 2016 年底，才因電池用盡而結束通報，發報器的壽命長達 13 個月。

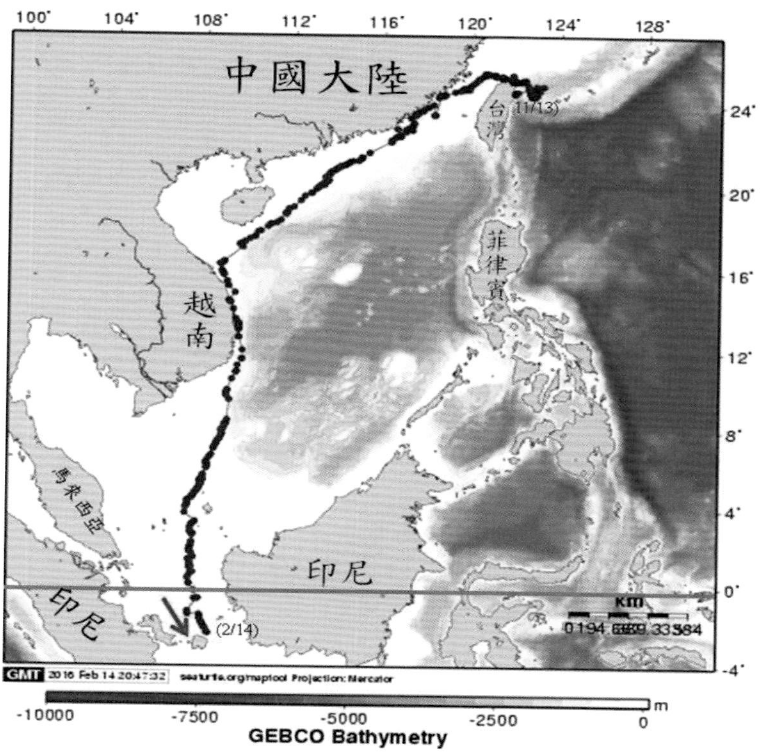

母玳瑁阿飛在經過 94 天游了 5467 公里後，抵達牠的覓食海域——卡里馬塔海峽中西印尼的勿里洞島。（圖片由 seaturtle.org 的 Maptool 程式繪製）

CHAPTER 6

海龜保育與文化的關聯

本章敘述保育的重要性及適當的保育方式，保育觀念的宣導，社區及企業的參與，國際合作，生態觀光及與民俗文化間的關係。

SEATURTLES

保育的重要性

物種會瀕臨絕種有兩個主要原因，一種是屬於上一世紀所遺留下來的存活物種，這些活化石雖然不見得能適應現今的環境變化，但因其稀有，所以人類有責任要將牠保存下來，像是貓熊即為此類物種。另一種是數量原本很多，且在自然界中的天敵很少，但因遭到人類的捕殺及棲地的破壞，而面臨滅絕的危機，海龜就屬於後者，前例的物種，被人稱為「神賜的物種」，需刻意的保存才不會消失。而後例的物種，則可經由適當的保育措施，來恢復其族群的數量及原有的生態功能。

對海龜而言，儘管牠面臨了來自陸地與海洋巨大的生存壓力，但我們不能因此而忽視牠的存在，及牠的滅絕會給生態系帶來的衝擊。我們要知道，海龜早在三億年以前就出現在這個地球上，因有很強的適應能力，所以除了少數的鯊魚外，幾乎是沒有天敵，其數量曾經非常龐大，這對生態系的運作是很重要的。譬如說，綠蠵龜會藉著洄游，將一個地方所吃下的食物，以糞便及產卵方式，運送到另一個地方去。而當地的海藻或是海草，也會在海龜不斷的啃食下，保持旺盛的生長率，使生態系能維持正常的運作。

在人類捕殺及棲地破壞的雙重壓力下，海龜的數量會驟減，生態系的運作也會因海龜功能的減弱而失去平衡，這會影響到生態系的穩定度，且改變其結構。為了防止物種滅絕及生態系的崩解，我們需要保育及復育這些瀕臨絕種的物種及其棲地，並儘可能恢復其原有的生態系功能。

圍牆上的海龜圖畫，能加強民眾對海龜的認知。

不分政黨及身分，大家一起來參與海龜保育活動。

保育的方式

物種的保育可分成族群與棲地的保護及復育兩方面，兩者之間存有密不可分的關係。

I. 族群的復育

在復育族群前，我們需知道物種族群結構的特徵，即一些對族群是否能活下去，並完成傳宗接代任務有絕對影響力的生命特質。這些特質包括生命長短、生長率、性別比、各重要年齡期如出生時，幼年時及成年時的死亡率、成熟的年齡及能夠產下多少後代和一生能生產多少次等，再由這些數據找出最脆弱的特質加以保護，以降低其滅絕的可能性，或是恢復其受威脅前的族群數目。

對海龜而言，要取得生活史中用來判定族群現況的特質是一大挑戰。這和海龜的生活特性很有關；海龜一生中超過95%的時間都在水下度過，而且牠在海上的分布範圍十分遼闊，又不易追蹤，再加上牠是保育類動物，因此無法像一般的動物一樣，能以捕抓方式來取得所需的數據，像是耳石。海龜僅能從少數已死亡的個體中採取所需的樣本，這對族群現況的判斷，往往會因樣本數的不足而無法確定，所以過去常用的族群判定之數值模式，均無法適用。

港口碼頭上所設立的告示牌

這個問題一直到 90 年代中期，人們利用推估型的數值模式才獲得解決。基本上，它簡單的將海龜的生活史分成幾大類；如龜卵孵化期、小海龜期、亞成龜期及成龜期等，並估算各期中不同的死亡率對族群之影響，結果發現亞成龜期是海龜一生中最敏感的時期，因此需要全力去保護，才不會面臨滅種的危機。

這些模式也推估出，公海漁業的混獲，是目前海龜族群生存所面臨的最大危機。到了 90 年代末期，人們更進一步的發現，母龜能產生多少小海龜及龜卵的孵化狀況，對族群的存活也很重要。近年來，新一代的模式更進一步發現，稚龜的海上漂流期對族群是否能活下去，有著非常重要的影響。此外，增加小海龜第一年的自然存活率，對族群數量之增加會有相當的助益。

當地兒童，在家長及研究人員的陪同下，進行小海龜的野放活動。

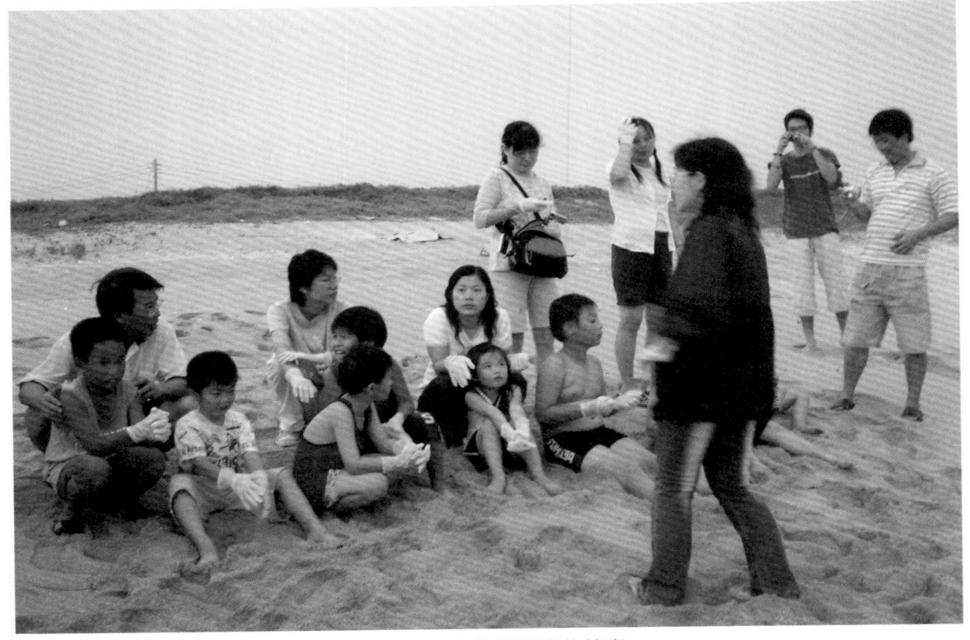

研究人員利用戶外教學機會，對中、小學生進行生態保育的教育。

II. 棲地的復育

動物在自然界中生活的地方稱之爲「棲地」，對海龜而言，牠的棲地包括出生及產卵的沙灘、漂流期的大洋及發育中各階段的覓食海域等。我們雖然能以分子生物的技術將物種的基因保存下來、但如果棲地遭到破壞，物種會因無法生存下去而滅絕！這對一些對生活棲地忠誠度很高的海龜如綠蠵龜而言，問題就更爲嚴重，因爲若是生活或是產卵的棲地一旦遭到破壞，牠們會因無處可去而遭到滅絕，而在其他地區生活的綠蠵龜也不會「搬」到這裡來生活的，這會造成棲地的永遠消失。因此有必要將其重要的生活棲地劃設爲保護區，一方面保護其產卵的母龜能安全的在此產卵及生活，一方面也是保護龜卵能安全孵化，並在不受人爲干擾下，小海龜能平安的下海。更重要的是，棲地的完整性在法律保護下得以維持，並禁止不當的開發。

研究人員進行保護區棲地的生態研究

在陸地上，產卵的沙灘可劃設爲產卵保護區，而在近海區，則可劃設爲「海洋公園」，或是「不得捕撈及遊憩區」。在劃設保護區之後，我們便可藉由各種科學實驗，找出正確的棲地復育方法。譬如，對於產卵棲地的光污染問題，我們在產卵沙灘區活動時要特別注意：

（1）不要在產卵沙灘上使用閃光燈等照明設備，也盡量減少沙灘旁的路燈數量、使用適當的燈罩讓光線只照射到路面上、降低路燈高度或是使用地面燈、步道燈，以降低光線直射沙灘的機率，並使用長波的低鈉壓之黃光，以免嚇走母龜和擾亂龜寶寶的下海行爲。沙灘後方種樹，也是減少陸上光源直接照射沙灘的方式。

（2）不要亂丟垃圾、在沙灘上構築人工建築物如水泥步道或是行車，以免造成小海龜無法越過這些人工「障礙物」，返回大海。

（3）沙灘應維持其原始的風貌，不要砍除沙灘後方的防風林、挖走沙丘、在沙灘旁蓋人工建物或是修築步道，以免造成沙灘結構破壞及沙層流失，同時也會造成小海龜誤判回家的道路。

棲地復育的另一個要件是獲得當地居民的認同與支持，由於當地居民的生活方式與棲地的完整性息息相關，若是他們認同復育的做法，那居民不但會遵守保護區的各項規定，而且會成爲最佳的巡護員。否則，因保護區的規定會影響到他們的生活作息，當地居民反而會成爲動物保護工作上的最大隱憂。

研究人員對受威脅的卵窩進行保護

在澎湖縣的望安島上，九個沙灘中有六個已於民國 84 年劃設爲綠蠵龜的產卵保護區。由於這些產卵沙灘多緊鄰島上最主要的村落，彷佛就是這些居民的後花園一樣。雖說望安人不太常在海邊活動，但也無法爲了保護海龜，而禁止當地居民到海邊活動。因此在兼顧海龜保育與當地居民的權益下，政府採用了彈性的保育措施，也就是依照海龜於夜間才上岸的特性，這些沙灘在白天只是一般的沙灘，並不會禁止任何人進出沙灘，只有在夜晚時才具有保護區的功能，是禁止閒雜人等進入沙灘的。同時，爲了維護當地居民的權益，夜晚的規定並不適用於當地居民，只是他們不得騷擾上岸的母龜及下海的龜寶寶罷了。除了族群及棲地的復育工作外，下列各項工作的落實，也是保育海龜所不可或缺的要項。

保育人員正在保護區內，進行淨灘活動。

研究人員利用野放海龜的機會，對民衆進行生態保育的教育。

觀念宣導

在長期的第一線工作經驗中發現，許多民衆會破壞環境及違反野生動物保育法，多半是不了解他們的行爲是不對的。因此，如何給予民衆正確的保育觀念，是落實海龜保育中非常重要的步驟。在觀念宣導中，我們除了製作各種宣傳小冊、物種辨識和保育墊板等在適當的場合如集會、演講中發送外，也應透過平面（即報章雜誌）及電子媒體（即廣播電視），將正確的保育理念傳送給社會大衆。近年來，網路十分發達，天涯海角一線牽，許多的資訊均可透過文字、圖片甚至是youtube，臉書、line、網站、微信上等，很快地傳遞到遠方，以利於溝通及交換意見。甚至各種媒體也會透過網路，發布即時新聞，達到資訊傳遞無落差的目的。

研究單位、相關的政府部門及專業的民間保育團體更可利用野外環境教學（如入夜的賞龜活動）、帶遊客、進行對當地學生及居民的訪談、村里民大會召開等的機會中，一方面與他們溝通，讓他們瞭解推動海龜保育會帶來雙贏的機會和好處，一方面也瞭解他們的抱怨、困難和看法，以作爲日後修正保護區經營管理之方法的依據。我們亦應鼓勵各政黨參與海龜之保育行動，如舉辦淨灘活動、海洋廢棄物分類等，以擴大社會的參與面。

各式各樣的海龜保育宣導品

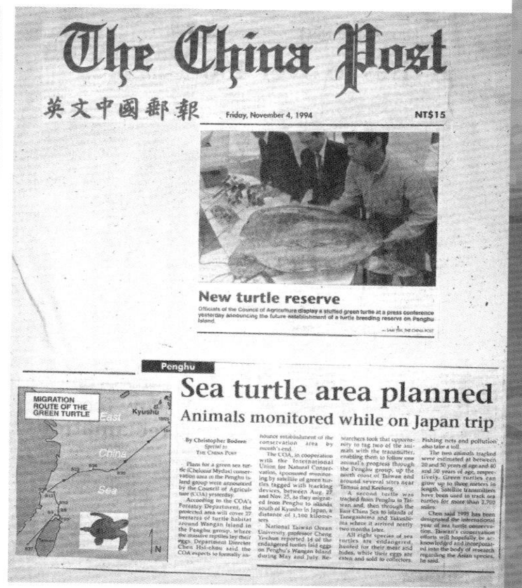

The China Post

英文中國郵報 Friday, November 4, 1994 NT$15

New turtle reserve

Officials of the Council of Agriculture display a stuffed green turtle at a press conference yesterday announcing the future establishment of a turtle breeding reserve on Penghu Island.

— SAM YIH, THE CHINA POST

Penghu

Sea turtle area planned

Animals monitored while on Japan trip

By Christopher Bodeen
Special to
The China Post

Plans for a green sea turtle (Chelonia Mydas) conservation area in the Penghu island group were announced by the Council of Agriculture (COA) yesterday.

According to the COA's Forestry Department, the protected area will cover 27 hectares of turtle habitat around Wangan Island in the Penghu group, where the massive reptiles lay their eggs. Department Director Chen Hsi-chou said the COA expects to formally announce establishment of the conservation area by month's end.

The COA, in cooperation with the International Union for Natural Conservation, sponsored monitoring by satellite of green turtles tagged with tracking devices, between Aug. 27 and Nov. 25, as they migrated from Penghu to islands south of Kyushu in Japan, a distance of 1,100 kilometers.

National Taiwan Ocean University professor Cheng Yeshun reported 14 of the endangered turtles laid eggs on Penghu's Wangan Island during May and July. Researchers took that opportunity to tag two of the animals with the transmitter, enabling them to follow one animal's progress through the Penghu group, up the north coast of Taiwan and around several sites near Tamsui and Keelung.

A second turtle was tracked from Penghu to Taiwan and, then through the East China Sea to islands of Tanegashima and Yakushima where it arrived nearly two months later.

All eight species of sea turtles are endangered, hunted for their meat and hides, while their eggs are eaten and sold to collectors. Fishing nets and pollution also take a toll.

The two animals tracked were estimated at between 20 and 30 years of age and 40 and 50 years of age, respectively. Green turtles can grow up to three meters in length. Satellite transmitters have been used to track sea turtles for more than 2,700 miles.

Chen said 1995 has been designated the international year of sea turtle conservation. Taiwan's conservation efforts will hopefully be acknowledged and incorporated into the body of research regarding the Asian species, he said.

媒體宣傳是保育宣導所不可或缺的工具

在海龜棲地附近的沿海居民，因其生活方式常常是造成海龜族群減少（如捕食母龜及龜卵）及環境破壞（如挖沙、在產卵沙灘旁興建房舍）的重要原因，所以當海龜保育計畫不考慮當地民衆的參與時，往往會因不瞭解、影響或是改變居民的生活方式及限制某些資源之利用而引發抱怨和衝突，使保育工作失去群衆支持，造成更多破壞，以致於海龜資源無法達到永續利用的目的，有時甚至會對社會的經濟及文化習俗，產生負面影響。

研究人員與當地民衆，進行海龜保育工作上的溝通。

爲了加強社區民衆的參與度，除了持續與居民及當地政府做意見上的交換與溝通外，更應利用外來的資金如企業及政府的贊助，給予社區的有心人士適當地專業訓練，使其成爲合格的保育人士，授予證書並提供工作機會。在望安，研究單位於 1998 年與澎湖縣政府合作，舉辦保護區沙灘初級班巡護員的訓練，並授予 29 位鄉民合格的工作證。於 1999 年，再度舉辦保護區沙灘巡護員中級幹部的訓練，並選出 11 位鄉民爲巡護隊的幹部。我們希望能藉由合法的訓練，給予社區民衆在沙灘及保育館的導遊工作，及利用周邊的相關活動，創造更多的商機及就業機會，以達保育與居民福利雙贏的目的。

當地的民衆也應成立一社區性的保育組織，以「在地人關心在地事物」的心情，協助政府及研究單位，執行各項的保護區經營管理事項，以落實海龜及相關的生態保育策略。一個健全的社區保育組織，不但能整合當地的各項旅遊、生態及人文等相關資源，而且能發揮保障社區居民權益的功能，並進一步地提升大家的生活水準及品質。

我們同時可利用邀請社區參與賞龜活動、學童參與稚龜野放及對居民和學生做訪談的機會，加強社區對海龜保育及研究工作的瞭解、支持。同時，我們也可藉由這些活動來瞭解及協助解決社區需求。此外，我們應鼓勵社區發展如製作海龜造型的手工藝品及公仔等之另類海龜資源的利用方案，鼓勵在外地發跡的鄉民，以設立獎學金方式，培育社區下一代之海龜保育的專業人士。

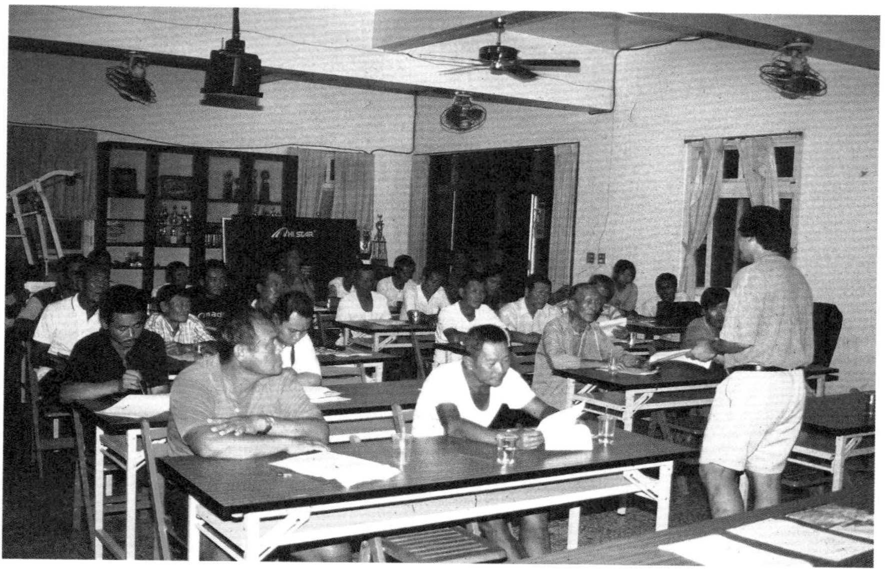

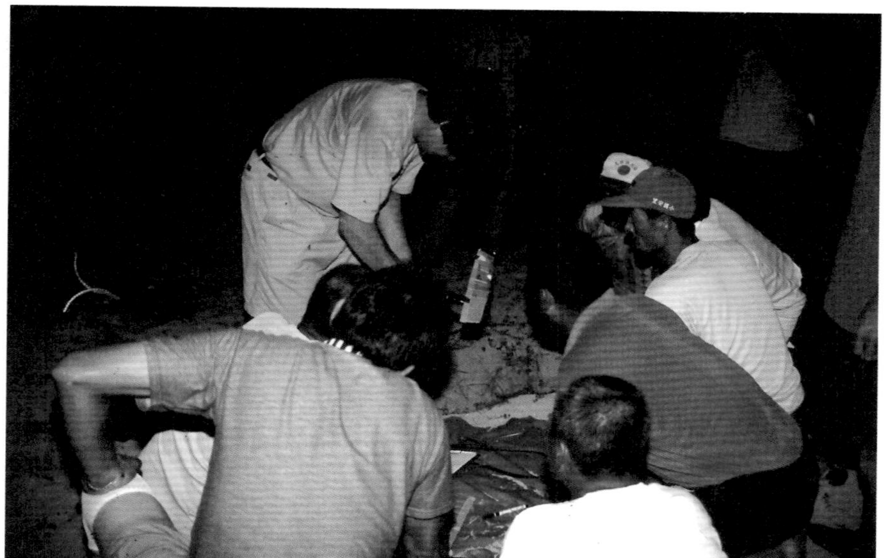

研究人員對有心的民衆，進行專業訓練。

企業來作守護神

保育工作人人有責，企業的主動參與及資助，不僅對保育工作是一項重大的助益，也會帶動社會大衆的保育風氣，相對的提升了我們的生活品質。另一方面，參與保育行動也能給企業帶來正面的形象，達到所謂「綠色企業」的標誌，而不僅是賺錢的商人而已。這也就是做到「如要靠這片大地之母來賺錢，就要愛護它、照顧它」觀念的落實，也就是我們常說的「愛屋及烏」的實例。

在台灣，從 1994 年起就有企業主動參與海龜保育與研究的工作。此期間，義美環保基金會、廣達文教基金會、裕隆汽車、學言文化、萊爾富等機構均以積極的態度參與其事。在這些企業中，義美環保基金會因抱持著對保育類野生動物的關心，而持續支持綠蠵龜的保育研究，使得望安的居民能參與海龜之保育活動，並改善他們對保護區的負面觀感，也讓研究單位，能有更多的研究能量；福智佛教基金會，因海龜野放的理念與他們放生的觀念相符，並能提供正確的宗教放生做法，而長期贊助海龜之救傷的工作，並參與海龜野放活動及進行祈福儀軌。近年來，因海龜擱淺救傷的情形越來越普遍，我們也獲得福智佛教文教基金會、太平洋建設及一些漁業相關的企業，如基隆漁會、沃田旅店、爭鮮股份有限公司、台北市扶輪社等相關企業，以各種方式參與海龜保育行動，像是捐贈海龜食物、捐款、公益募款等。因此，藉由企業的資助與宣傳，我們不僅帶動了整個社會觀念的進步，而且藉由媒體及企業所擁有的社會資源的宣導，也加速海龜及其棲地保育理念的落實。

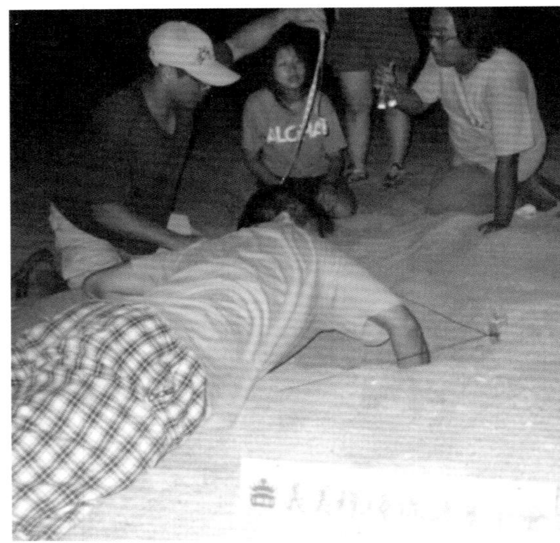

企業贊助海龜的研究工作

國際合作

由於海龜有大洋洄游特性，終其一生生活在同一海域或是不同國家的近海中，甚至橫跨整個大洋，如在日本產卵的赤蠵龜，其海上棲地就分布於北太平洋的東西兩側。因此要確實做到海龜的保育工作，就得聯合海龜洄游途中所經過及在該海域中進行漁業活動的國家之研究員、相關政府官員及保育團體，共同制定有效並可執行的海龜保育政策。這包括：

（1）學術研究之合作：如交換研究心得與成果，共同發表研究論文，學生及研究人員的參觀互訪，長、短期的合作研究及學位的授予、獎助學金的設立、定期或是不定期的國際研討及討論會之舉辦、成立國際性之海龜族群基因庫和資訊中心等。

（2）保育工作之合作：如保育團體及研究單位間的保育工作和宣導心得與成果之交換，國際保育志工之參與、人力與資金的支援等，共同決定該區域中亟需推動海龜保育的地方與事務。

（3）積極參與地區和全球性之保育組織和推動及落實各項相關之國際公約：如加入國際野生動物貿易公約（CITES）、成為國際自然保育組織（IUCN）及物種存活委員會（SSC）的個人及團體會員，並參與及落實如洄游物種公約（Convention for Migratory Species；CMS）、生物多樣性公約（Convention of Biological Diversity；CBD）等之國際性的保育協約，以善盡身為「地球村」一員之責任。

在我國，除了定期及不定期參加國際性之學術、策略及管理會議，和與會的各國專家、學者和官員交換心得外，我們於 1999 年 4 月間也在農委會及環保署的贊助下，在台北市舉辦了一場為期三天的「國際海龜生態、洄游及保育討論會」，邀請了包括美國、日本、中國大陸、馬來西亞等七國十一位學者、官員及保育團體之負責人與會，共同商討如何做才能有效保育在澎湖望安產卵的綠蠵龜。

這個研討會的召開，使得我國在國際海龜保育的努力中，獲得許多正面的評價。我們並於 2006 年在澎湖縣馬公市舉辦了為期兩天的「國際海龜救傷及健康評估討論會」，及於 2011 年於國立海洋生物博物館，舉辦為期兩天的「台灣海龜救傷及健康評估國際保育討論會」，我們邀請了美國四位這方面的專家，及國內各縣市防治所人員和相關科系的師生參與。藉由此會，我們不但與台灣大學獸醫專業學院的院長季昭華教授，達成相互合作的協定，同時藉由國外專家的建議，我們建立起國內的海龜救傷通報系統及推動海龜的救傷行動。2015 年 6 月在高雄市舉辦了「台灣海龜研究暨保育成果和未來展望國際研討會」，邀請了來自美國、日本、馬來西亞、義大利及中國大陸等十位專家學者，將他們的研究及保育經驗與大家分享，會後並邀請他們到屏東縣的小琉球，體驗台灣唯一近海就能觀賞及與龜共遊的經歷。

舉辦海龜生態及保育之國際會議

舉辦海龜救傷國際研討會

生態觀光

海龜不僅是保育類物種，也是一種重要的觀光資源。最明顯的例子是在屏東縣的小琉球，下水觀賞海龜已經成爲該鄉最重要的觀光資源。因此推動生態觀光及相關的產業活動，是解決該鄉保育海龜族群及棲地的問題，和非破壞性開發海龜資源的重要手段。在適當的經營管理下，它將可做到保育與開發雙贏的局面。

海龜的生態觀光包括了賞龜或拜訪其產卵沙灘、參與小海龜的野放、參與部分的保育或研究工作、潛水觀賞並留影海龜的海底活動等，其目的在於使遊客從親身體驗大自然的美感中，發揮其「愛屋及烏」的公德心，進而重視人類的生活品質及家居生活環境。

由於海龜是很害羞的動物，對人類的干擾十分敏感，因此在進行海龜的生態觀光前，需先對遊客進行口頭或是影像的解說，使他們瞭解海龜的生態習性，及牠的喜好和害怕之事，像是牠在沙灘上怕光照及人類的翻騎等干擾，在海中怕人類去抓牠或是不讓牠離開，不斷餵食也會造成海龜做出不會在大自然出現的行爲等。因此事前的解說能使遊客瞭解，爲何在進行生態觀光活動時，會對遊客加以若干的限制；如在沙灘上禁止攜帶照明設備及有閃燈光的照相機、禁止亂丟垃圾、不要單獨行動及高聲喧嘩、不要干擾海龜的行爲、對珊瑚礁區的潛水限制等。在野外時，大家應以輕鬆的心情，耐心的等待，多多享受及體會大自然傳來的天籟之聲，即使到最後仍然無法看到海龜的芳蹤，也會覺得不虛此行。畢竟，這種沒有壓力的自然體驗之旅，是都市所享受不到的人生。然而，好的環境與景物，需靠大家的細心維護，才能長久的保存下去，好讓後來的遊客也能享受到相同的樂趣。

研究人員進行海龜生態的戶外解說

海龜生態觀光活動

生態觀光雖是一種另類觀光（所謂的「綠色旅遊」），但需有適當的宣傳與足夠的配套措施，才能發揮其應有的功能。除了藉由媒體及當地導遊的介紹外，亦可透過適當的生態旅遊公司或是相關的組織，經由如網路廣告的方式，舉辦這類的旅遊活動。海龜的生態旅遊亦應結合其他相關的旅遊如人文之旅、浮潛、某些大衆旅遊等活動，使它能帶動其他的經濟活動，推展地方的文化特色，讓社區能保持一個較整潔的家居環境。此外，島上的居民可藉由海龜的生態觀光發展出各種與牠有關的「特產」；如推出海龜的生態幻燈片、海龜造型的生態筆、馬克杯、T 恤、公仔等之物品在島上販賣，一方面增加居民的收益，另一方面也增加遊客在該島停留的時間及增加它的知名度。

澎湖縣的望安島，因有綠蠵龜上岸產卵而出名，許多人會去該島旅遊，多是希望能親眼一睹芳采。然而，因海龜是在夏天的夜晚才會上岸，而且數量不多，所以有幸可見著的人並不多。爲了不讓遊客失望，觀光局於 2003 年在潭門港後方的山坡上，蓋了一座「綠蠵龜觀光保育中心」，好讓遊客能對這個特殊的物種有較深入了解。同時，我們也在該島及其他的海龜產卵島嶼上，協助業者推動以海龜爲主題的生態旅遊，希望藉由「寓教於樂」的方式，落實海龜保育的觀念。

產卵沙灘之規定

綠蠵龜屬瀕臨絕種之野生動物，牠於每年五月至十月的夜晚會在這個保護區沙灘上產卵。應注意事項如下：

一、沙灘上禁止生營火，進行各種沙灘球類運動及攜帶寵物。

二、沙灘上禁行機車。

三、沙灘上禁止亂丟垃圾。

四、禁止在沙灘高潮線之山坡頂間設立遊憩設施。

◆ 於綠蠵龜產卵期間的夜晚（夜間八時起至翌晨五時止）：

一、非經保育員帶領，遊客不得擅入保護區。

二、沙灘上禁止飲食及高聲喧嘩。

三、非經許可禁止攜帶照相設備，在沙灘上使用電筒等照明設備。

四、禁止獵捕、宰殺、騷擾、虐待海龜，捕捉稚龜、干擾母龜產卵行爲。違者依保育法處五年以下有期徒刑，得併科新台幣一百萬元以下罰金。

澎湖縣望安島上的產卵保護區告示牌

望安島上的路標上，也有海龜的圖像。

海龜與民俗文化

全世界有關人與海龜的傳說不多，一般耳熟能詳的是日本蒲島太郎騎海龜遊海龍宮的童話故事，夏威夷也有海龜被放生後，變成人妻報恩的美麗傳說。其他海龜和民俗的關係，多離不開航海及金錢交易等相關的活動。在中國，烏龜因長壽，深受國人的敬重，也是自古以來皇帝的吉祥物之一，牠與龍、虎及鶴以青龍（龍）、白虎（虎）、朱雀（鶴）及玄武（龜）共稱爲四大吉祥物。因此龜和人的關係，變的比其他民族來的親密。一般而言，中國人與海龜相關的活動，可分成下列幾項：

澎湖的元宵乞龜活動

澎湖的民衆，因長年與海龜相處，因此牠就成了吉祥與福氣的象徵。每年到了元宵節時，民衆就會用米、麵、果凍、金、銀等作成海龜的形狀，供在廟裡膜拜，希望能獲得神明的保佑，以求得來年的平安與福報，澎湖的鄉親會在這一天舉辦盛大的乞龜活動。

根據澎湖流傳已久的習俗，廟裡所供奉的龜形貢品是可以取用或買回家與親朋好友分享福氣的，而最值錢的貢品是純金所打造而成的金龜，它僅能從廟中「借回家」而不能擁有，借的方法很簡單，有意者需在元宵節期間，以虔誠的心向神明禱告，並擲出一陰一陽的杯卦，在所有的乞龜民衆中，以得到神明同意次數最多之人，便得以將金龜借回家，好讓全家都獲得神明的眷顧。然而，「借出」的海龜祭品，在一年後不但須歸還廟裡，而且要將乞得的東西加倍償還，以表答對神明的敬意與謝意。

澎湖縣當地的金錢龜

每年元宵節時、澎湖縣都會舉辦盛大的乞龜活動。

媽祖出巡

媽祖默娘因捨身爲漁民求平安的進港，而成爲海峽兩岸漁民的庇護海神，不少在海上遇難的漁民，都傳說是受到媽祖及海龜的引導才得以脫險，因此她在民衆的心中，有著極爲崇高的地位。而古今中外，不論是傳說或是實例中，我們都可發現到無數個海龜救人的故事，因此，海龜在民間信仰中，也帶有若干傳奇的色彩。沿海的縣市，如台中市大甲區，每年四月都會舉辦盛大的媽祖出巡繞境活動，以保佑當地居民的平安，而身爲救難使者的海龜，也自然成了媽祖出巡時最佳的座騎了！

其他的民俗活動

龜因代表福氣與吉祥，因此在中國的民俗活動中，常常占有著重要的地位。一些沿海縣市的民俗祭典，多會用海龜作其旗幟的圖騰，以示祈求國泰民安之意。在過去，不少的澎湖鄉親在年邁時，會搬到龜形的房舍中居住，以求其壽命能和海龜一樣的長久。

民俗活動常喜歡用海龜和蛇作為旗幟的圖騰

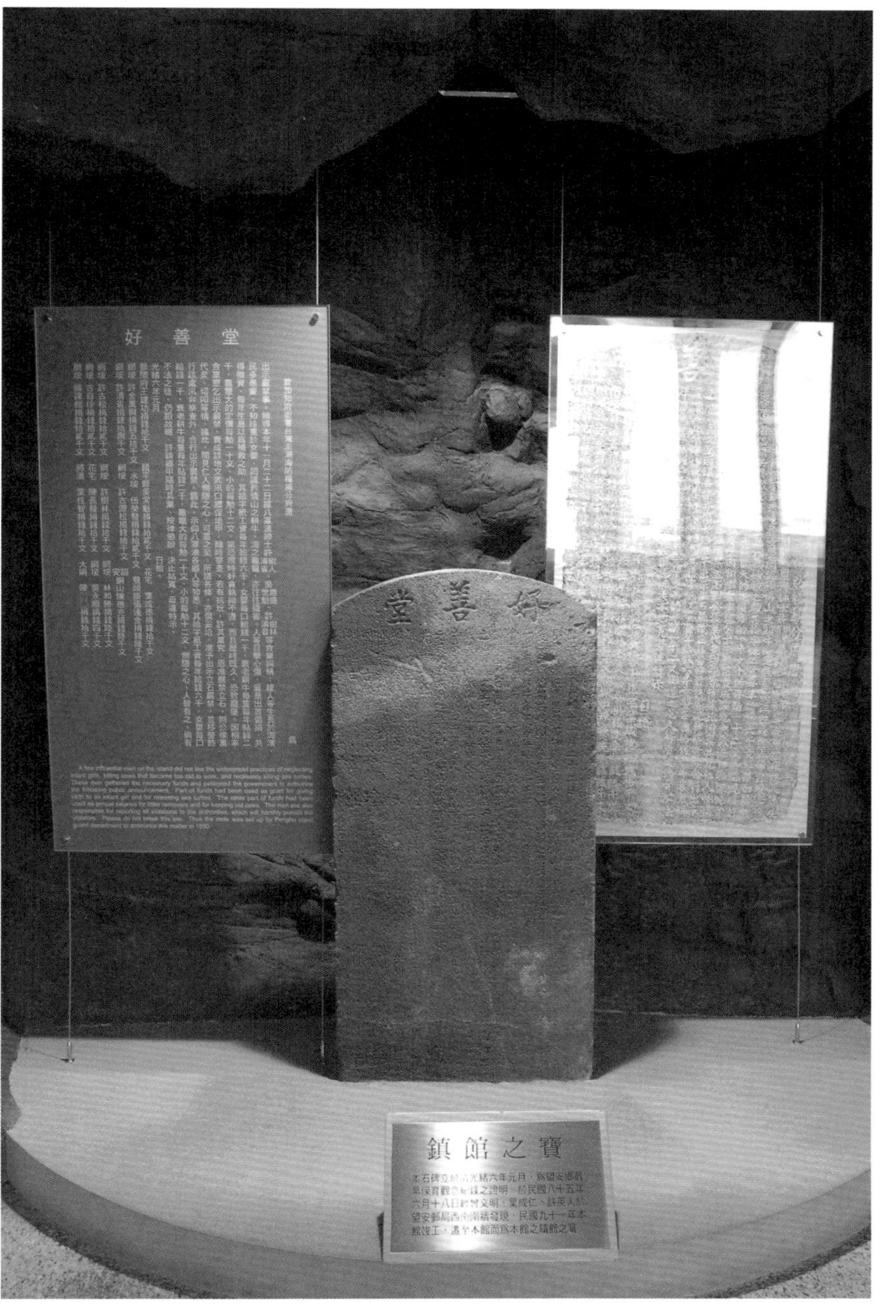

望安島上的好善堂碑，細述著清代保育海龜、女嬰及老牛的故事。

海龜和宗教放生活動

長久以來，國人流行宗教放生海龜，認爲經由法師做法祈福後再野放，或是放生在廟裡的長壽動物如海龜等，會增加自己的福報。這種做法源自媽祖的「不忍殺生」之說，且立意甚佳，但因涉及保育類野生動物的買賣行爲，及無法提供飼養物種妥善照顧與長期虐待的行爲而被禁止。此外，許多宗教放生多不從生態系的觀點著手，像是不考慮加入的物種是否對原生態系造成衝擊，或是牠是否能存活在新的環境中等問題。因此，我們都是在野放擱淺治癒的海龜時，請福智佛教團體進行約十分鐘左右的簡短祈福儀軌，立意是我們要防止這些來自大自然的生命，因人類不當的行爲而早逝，所以在野放前會請宗教團體，在送牠返回大自然之前，給牠滿滿的祝福，並希望牠能活得更健康，不要再看到牠。

在了解動物的生態習性下，配合平和喜樂的祝福，才是正確的宗教放生活動，而不是到市場買牲畜，然後野放到從未生活過的環境裡，讓牠們自生自滅，

這些動物絕大部分會因沒有覓食能力，或不懂得如何保護自己，而在短時間內離開人世，好心的放生，反而成了放死的結局，我想這絕不是媽祖「不忍殺生」的原意！

這些活動都代表海龜和國人的關係的確是十分密切，是世界上其他民族所沒有的；在許多國家中，海龜不是當地動物蛋白質的來源、吸引觀光客的財源，就是海洋保育的大使，牠的保育工作之推展，往往缺乏道德上的約束與民俗文化的聯繫，會使海龜的保育缺少自發性的誘因，進而使工作的困難度增加。在我國，因海龜與民俗文化的關聯十分密切，若能善用此一古老民俗，那海龜保育工作的推展，將不僅能逐步恢復正在消失中的海龜族群，而且藉由物種的存續，也能保持固有的民俗文化於不墜之地，進而達到海龜保育與鄉土民俗共榮的目的。

乞龜活動中都會擺示純金龜，讓民衆利用擲杯卦的方式借回家。

澎湖縣元宵節的乞龜活動

乞龜活動中的海龜形供品

致謝

一件事會做好不是偶然或是運氣好，而是有許多人在各方面及不同的時間出手相助才能達成。台灣海龜的研究能一步一步的向前走，從一開始到今天，都有賴許多朋友、同事、官員、媒體、助理、學生及志工的大力支持，才走得下去。在推動海龜保育及研究的過程中，各種狀況不斷，有時走不出困境時，看到以前一起讀書的同窗多半在享受退休或是半退休的清閒生活，眞想「不如歸去」！但看到學生們期待的眼光，社會及政府的期許，以及不肯認輸的牛脾氣，就硬著頭皮做下去了！在這裡，我要感謝農委會林務局及學校的大力支持，能提供足夠的資源去推展工作及包容我不太好的脾氣。屏東及台東縣政府的大力支持，非常的感謝。海巡署的全力支持海龜保育計畫，尤其是擱淺通報，及協助處理傷病和死龜解剖之事宜，讓海龜擱淺通報系統能發揮最大的功能，非常的感謝。我也要感謝台灣大學獸醫專業學院的季昭華教授實驗室的主動合作，讓海龜的救傷工作得以落實。

我十分感謝義美環保基金會及福智佛教基金會的長期贊助，及一些有心的企業、民間團體和個人，像是基隆漁會、沃田旅店、扶輪社、太平洋建設、爭鮮股份有限公司、佛教廟宇及有心人士的贊助，讓開銷過大的海龜救傷所產生之經費缺口，得以彌補。媒體朋友不吝嗇的報導海龜及海洋生態的保育及研究成果，讓社會大衆能支持海龜保育工作。實驗室的學生及助理的無私奉獻，是海龜保育及研究工作的原動力，也是我最好的幫手。我特別感謝家人在實質及精神上的支持，能夠讓我無後顧之憂的每天早上 5 點半出門，到晚上最早 7 點才回家的埋首工作，有時週末還得加班。內人能容忍我長時間不在家，眞的難爲妳了。兩個女兒的全心支持，感覺上很窩心，老大宛華一直以她的專業協助我的研究，讓我有「虎父無犬女」的感覺，父親以妳爲榮；老二宇華也常利用她的專業協助海龜保育推廣，是個貼心的孩子。大家常說，孩子大了就成爲人生中最要好的朋友，這句話一點都沒錯。

謹將此書獻給我過世的父母

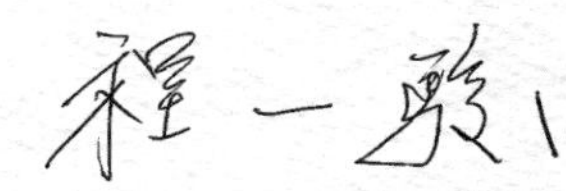

國家圖書館出版品預行編目（CIP）資料

綠蠵龜：跟著海龜教授尋找綠蠵龜／程一駿著.
-- 二版 . -- 臺中市：晨星, 2017.11
面； 公分 . --（生態館；33）
ISBN 978-986-443-338-4（平裝）

1. 龜 2. 動物圖鑑

388.791025 106014429

綠蠵龜：跟著海龜教授尋找綠蠵龜〔增修版〕

作者｜程一駿
主編｜徐惠雅
執行主編｜許裕苗
版型設計｜許裕偉
圖片提供｜天稜澄水媒體科技股份有限公司（P11、P13、P49、P74-76、P88）
插圖｜柳惠芬

創辦人｜陳銘民
發行所｜晨星出版有限公司
台中市 407 工業區三十路 1 號
TEL：04-23595820 FAX：04-23550581
E-mail：service@morningstar.com.tw
http：//www.morningstar.com.tw
行政院新聞局局版台業字第 2500 號
法律顧問｜陳思成律師
初版｜西元 2010 年 9 月 30 日
二版｜西元 2017 年 11 月 23 日
郵政劃撥｜22326758（晨星出版有限公司）
讀者服務專線｜04-23595819#230
印刷｜上好印刷股份有限公司

定價 380 元
ISBN 978-986-443-338-4

Published by Morning Star Publishing Inc.
Printed in Taiwan

◆讀者回函卡◆

以下資料或許太過繁瑣，但卻是我們了解你的唯一途徑，
誠摯期待能與你在下一本書中相逢，讓我們一起從閱讀中尋找樂趣吧！

姓名：＿＿＿＿＿＿＿＿＿＿　性別：□ 男　□ 女　生日：　／　／

教育程度：＿＿＿＿＿＿＿＿

職業：□ 學生　□ 教師　□ 內勤職員　□ 家庭主婦
□ 企業主管　□ 服務業　□ 製造業　□ 醫藥護理
□ 軍警　□ 資訊業　□ 銷售業務　□ 其他＿＿＿＿＿

E-mail：（必填）＿＿＿＿＿＿＿＿＿＿　聯絡電話：（必填）＿＿＿＿＿

聯絡地址：（必填）□□□＿＿＿＿＿＿＿＿＿＿

購買書名：綠蠵龜：跟著海龜教授尋找綠蠵龜〔增修版〕

・ **誘使你購買此書的原因？**

□ 於 ＿＿＿＿＿ 書店尋找新知時　□ 看 ＿＿＿＿＿ 報時瞄到　□ 受海報或文案吸引

□ 翻閱 ＿＿＿＿＿ 雜誌時　□ 親朋好友拍胸脯保證　□ ＿＿＿＿＿ 電台 DJ 熱情推薦

□ 電子報的新書資訊看起來很有趣　□對晨星自然 FB 的分享有興趣　□瀏覽晨星網站時看到的

□ 其他編輯萬萬想不到的過程：＿＿＿＿＿＿＿＿＿＿

・ **本書中最吸引你的是哪一篇文章或哪一段話呢？**＿＿＿＿＿＿＿＿＿＿

・ **你覺得本書在哪些規劃上需要再加強或是改進呢？**

□ 封面設計＿＿＿＿＿　□ 尺寸規格＿＿＿＿＿　□ 版面編排＿＿＿＿＿

□ 字體大小＿＿＿＿＿　□ 內容＿＿＿＿＿　□ 文／譯筆＿＿＿＿＿　□ 其他＿＿＿＿＿

・ **下列出版品中，哪個題材最能引起你的興趣呢？**

台灣自然圖鑑：□植物 □哺乳類 □魚類 □鳥類 □蝴蝶 □昆蟲 □爬蟲類 □其他＿＿＿＿＿

飼養＆觀察：□植物 □哺乳類 □魚類 □鳥類 □蝴蝶 □昆蟲 □爬蟲類 □其他＿＿＿＿＿

台灣地圖：□自然 □昆蟲 □兩棲動物 □地形 □人文 □其他＿＿＿＿＿

自然公園：□自然文學 □環境關懷 □環境議題 □自然觀點 □人物傳記 □其他＿＿＿＿＿

生態館：□植物生態 □動物生態 □生態攝影 □地形景觀 □其他＿＿＿＿＿

台灣原住民文學：□史地 □傳記 □宗教祭典 □文化 □傳說 □音樂 □其他＿＿＿＿＿

自然生活家：□自然風 DIY 手作 □登山 □園藝 □農業 □自然觀察 □其他＿＿＿＿＿

・ **除上述系列外，你還希望編輯們規畫哪些和自然人文題材有關的書籍呢？**＿＿＿＿＿

・ **你最常到哪個通路購買書籍呢？** □博客來 □誠品書店 □金石堂 □其他＿＿＿＿＿

很高興你選擇了晨星出版社，陪伴你一同享受閱讀及學習的樂趣。只要你將此回函郵寄回本社，我們將不定期提供最新的出版及優惠訊息給你，謝謝！

若行有餘力，也請不吝賜教，好讓我們可以出版更多更好的書！

・ **其他意見：**＿＿＿＿＿＿＿＿＿＿

晨星出版有限公司 編輯群，感謝你！

請填妥後對折裝訂，直接投郵即可，免貼郵票。

廣告回函
台灣中區郵政管理局
登記證第 267 號
免貼郵票

晨星出版有限公司　收

地址：407 台中市工業區三十路 1 號
贈書洽詢專線：04-23595820*112　傳真：04-23550581

晨星回函有禮，加碼送好書！

填妥回函後加附 60 元回郵（工本費）寄回，
得獎好書《花的智慧》馬上送！原價：180 元
（若本書送完，將以其他書籍代替，恕不另行通知。此活動限台澎金馬地區）

天文、動物、植物、登山、園藝、生態攝影、自然風 DIY……各種最新最夯的自然大小事，盡在「晨星自然」臉書，快來加入吧！

請填妥後對折裝訂，直接投郵即可，免貼郵票。